合同ブックレット　eシフト｜エネルギーシリーズ｜vol.4

……ノミクス
……会の
グランドデザイン

金子 勝・飯田哲也
eシフト（脱原発・新しいエネルギー政策を実現する会）編

もくじ

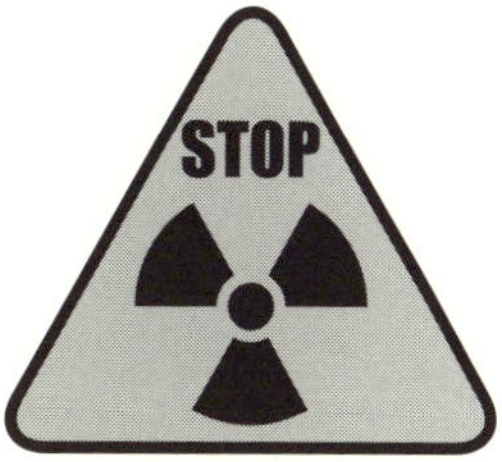

表紙　T.R.デザインルーム

合同ブックレット・eシフトエネルギーシリーズについて

私たち「eシフト＝脱原発・新しいエネルギー政策を実現する会」は、3・11のあとに、福島第一原発事故のような事態を二度とくり返さないために誕生しました。原子力に依存してきた日本のエネルギー政策を自然エネルギーなどの安全で持続可能なものに転換させることを目指す市民のネットワークです。個人の参加に加えて、気候ネットワーク、原子力資料情報室、WWFジャパン、環境エネルギー政策研究所、FoEジャパンなど、さまざまな団体が参加しています。

エネルギー政策は政府だけのものではありません。すべての市民に関係しています。しかし、2011年3月の福島第一原子力発電所事故の後、8割以上の市民が「脱原発」の意思表示をしているにもかかわらず（日本世論調査会2011年6月19日発表）、政府の原子力推進の方針は変わっていません。

私たちeシフトは、自然エネルギーを活用した新しいエネルギー政策をみずから提案し、多くの人の声と力を集め、政治に働きかけ、これを実現させていくという目標を掲げています。正しい情報を集め、わかりやすく人びとに伝え、いま何をしたら良いのか、みなさまと一緒に考え、行動していきたいと思っています。

そのために、この合同ブックレット・eシフトエネルギーシリーズでは、脱原発と新しいエネルギー政策を実現するためのキーワードを取り上げて、有効な知識や論点、方法を見いだしていきます。

ぜひ、みなさまの学習や活動にお役立てください。

読者のみなさまへ

「パブリックコメント、8万9000件以上。うち87%が原発ゼロシナリオを支持、78%が即時脱原発を求める」。２０１２年8月の「エネルギー・環境に関する国民的議論」は、原発・エネルギー政策について私たちに初めて大々的に問いかけられた機会でした。特にパブリックコメントの結果は、参加を呼びかけた私たちにとっても予想外のものでした。

夏の暑い盛り、たった40日という短い期間に、デモで、ソーシャルメディアで、メールで、多くの人がキャラクター「パブコメくん」とともに、呼びかけたり、各地で学習会を開いたりしました。初めてパブコメを書く、という人が大半だったでしょう。しかもコピーペーストはほとんどなく、みなが自分で考え、自分の言葉で表現した、その意味は大きいものです。私たちは、呼びかけの手ごたえと成果を実感しました。

この結果を受けて決まったのが、政府の「脱原発」の方針です。政権が変わったからといって、そう簡単に無視されてよいはずがありません。

一方で、「原発はやめたいけれど経済は、雇用はどうなるのだろうか」と懸念する20代・30代も多いことも分かってきました。政府や電力会社が原発を再稼働したいのは、今の経済・社会システムが、ただでさえ莫大な不経済を生み出す原発を必死で守るように動いているからにほかなりません。しかし、今すでに地域や中小企業や市民が、国や大企業とは独立して、自分たちのエネルギーと経済の流れをつくりだす試みが始まっています。それこそが「原発ゼロノミクス」です。新しい経済・社会に向けた動きは、私たち市民一人ひとりが主役となってつくっていく。この本には、私たちを勇気づけるヒントが詰まっています。

eシフトブックレット編集委員会

第1章

アベノミクスでは日本経済は再生できない

金子勝

アベノミクスの正体

現在、「アベノミクス」という言葉が飛び交っています。実際、株価も上がり、アベノミクスのおかげで日本経済が長い停滞から復活するのだという高揚した気分がメディアを通じて盛んに広められています。ほんとうはどうなんでしょうか。

かつて、アメリカの経済学には「政治的景気循環」とか「選挙循環」といった議論がありました。1970年代までの話ですが、選挙の前になると、政府が景気対策を打つので経済成長率が上がり、選挙が終わると、物価上昇率を抑えにかかるという話です。それで政治家が主導して景気循環（経済の好況、不況の波）を作り出すことになります。

ところが71年、アメリカのニクソン大統領がドルと金の交換停止を発表したニクソン・ショック以降、変動相場制が始まります。それまでは、ドルの価値は金のそれと固定的にリンクされ（1オンス＝35ドル）、さらに各国の通貨も、基軸通貨であるドルとの間で基本的には固定された為替相場で取引が行なわれていました。しかしニクソン大統領が、ベトナム戦争でふくらんだ

金子 勝氏

財政赤字と金準備の流出問題を解決するために、ドルと金の兌換の停止を決めたことで、通貨への金の縛りは取れ、その後にできたスミソニアン体制も崩れて、少なくとも先進諸国間では通貨の価値は市場で決まるようになったのです。１９７０年代末以降、英米諸国主導で、金融も自由化されていきます。そして、世界的な景気変動に対しては、金融政策を主な手段として、Ｇ７ないしはＧ８による国際協調体制で対処するようになりました。

こうした枠組みの変化はその後、景気循環を変質させました。私はこれを「バブル循環」と呼んでいます。

「バブル循環」の下で、景気を左右するのは、土地・住宅や株といった資産価値の上下です。大雑把に言ってしまえば、金《キン》とのリンクがなくなることで、通貨は物の価値との直接的な結びつきを断たれ、ただの「紙幣の約束」になり、政府の約束以外にその価値を担保するものはなくなりました。そして通貨は恣意的にどんどん発行できるようになるとともに、金融自由化のもとで新たな金融商品が次々と作り出されるようになったのです。このことにより、世界中にマネーが溢れるようになりました。そして、それらが投機へと向かうようになったのです。どこかの株や不動産に流れ込み、そこの景気をよくする。しかしそれは当然、根拠のない熱狂なので、どこかで必ずはじける。はじけると不良債権問題が起こるので、政府や金融機関の経営者たちはそれを隠し、金融緩和で資産価値をつり上げてこれを穴埋めするために、もう一度バブルを起こそうとする。こういう繰り返しがずっと起こっているわけです。

そして、かつての「選挙循環」における成長率に代わって、今度は株価が政権の支持率を左右します。株価の動向と内閣支持率を重ね合わせて見ると、「株価が上がっているときは政権支持率が不支持率を上回る」ということがわかります（図①・図②）。つまり、選挙民も、メディアや産業界も株価に左右されるようになるのです。

今世紀に入ってからで言えば、２００１年ごろにアメリカのＩＴバブルが崩壊しました。そうすると、小泉政権（２００１年4月～06年9月）ですら、内閣発足後の高い支持率がジワジワと落ちていきます。そして、イラク戦争でまた落ちる。そしてイラク戦争後のリバウンドとアメリカの住宅バブルが始まると、支持率が不支持率を上回るようになります（図②）。しかし、07年半ばから08年11月のリーマンショックに至って世界金融危機が起こると、とうとう翌年、自民党政権は倒れてしまいました。

株価の低迷が続くと、政権支持率が下がる。そうすると内閣を頻繁に交代させる。株価が上がれば、支持率も上がる。こういうパターンをたどるわけです。発足以来、安倍政権の支持率が上がり続けていることについて、異例のことだと言われています。しかしこれは少しも驚くようなことではありません。株価が上がっている結果にすぎないからです。

こうなると政権の側も、支持率を浮揚させるために、株価を上げることに必死になります。そ

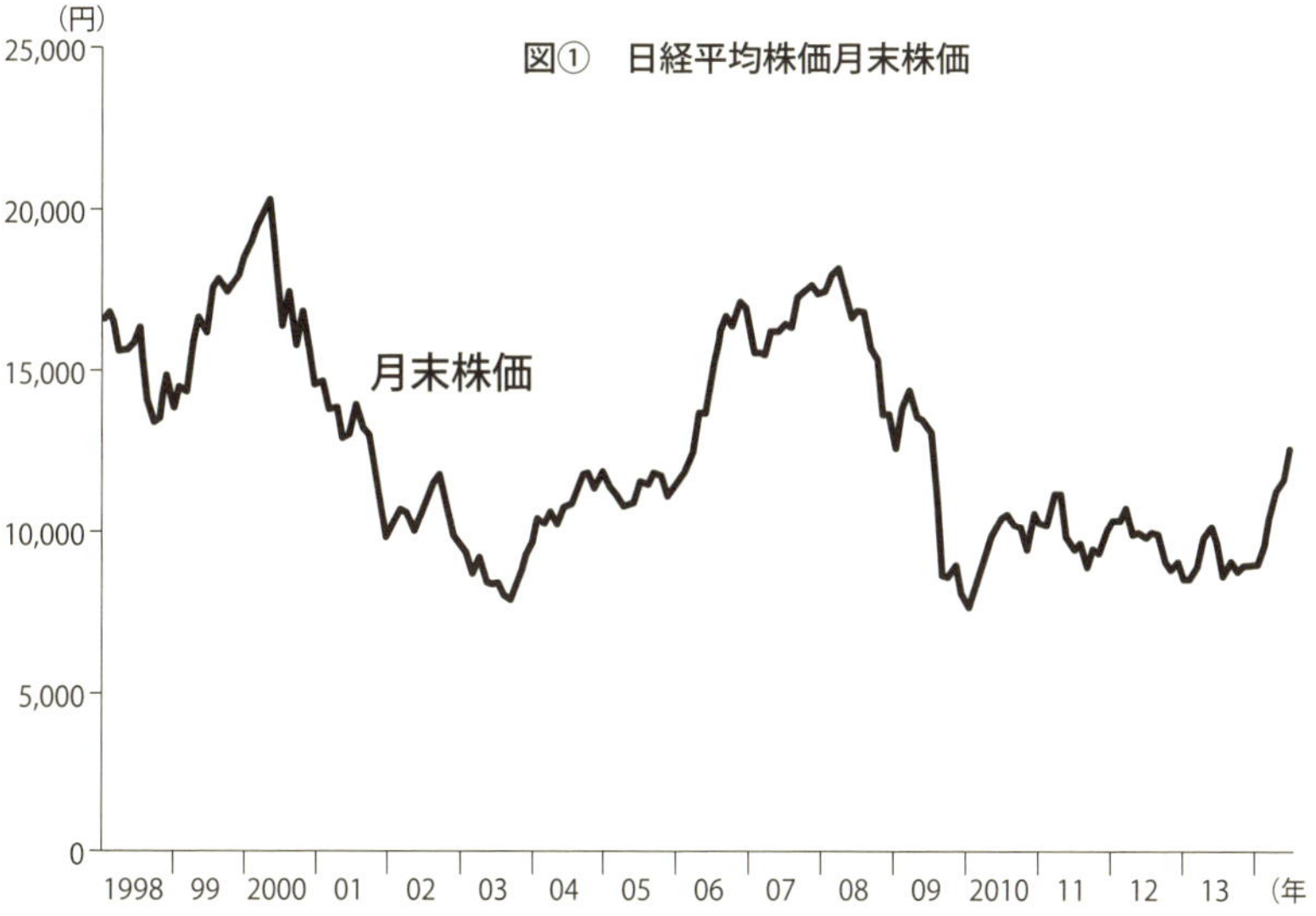

出典:『世界』(岩波書店、2013年6月号)

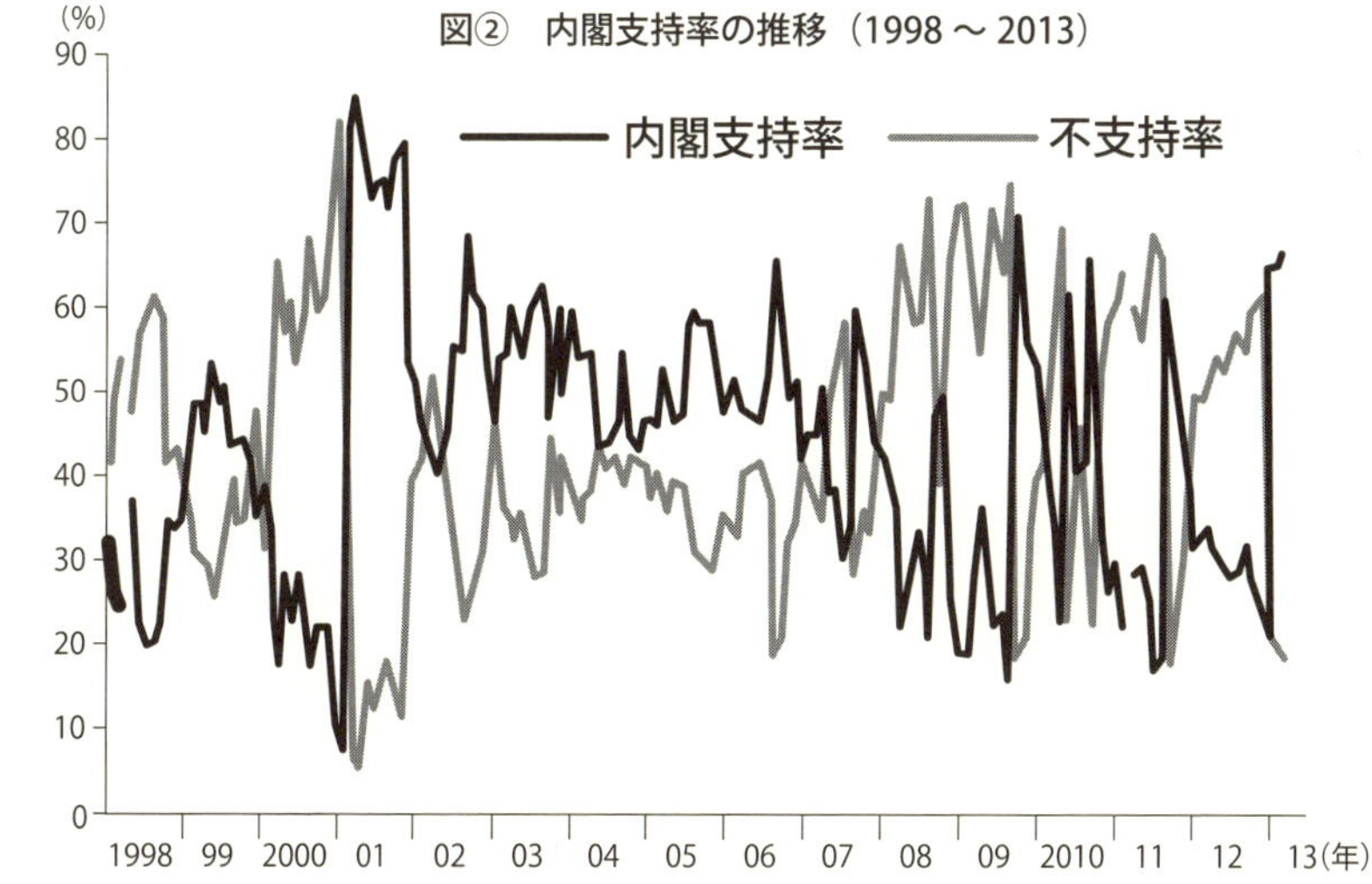

出典:『世界』(岩波書店、2013年6月号)

して、そのために駆使するのが、小泉政権を典型とする「劇場型政治」なのです。実は劇場型政治は、バブル循環が回転していくための必要不可欠な要素なのです。

そこで行なわれる政治は、理屈やロジックを極端に飛ばしたワンフレーズ・ポリティクスです。安倍政権の経済政策は「アベノミクス」というワンフレーズを繰り返していますが、そこには中身がありません。しかし、「中身がない」と批判しても意味がないのです。

バブルは「根拠なき熱狂」ですから、誰もが景気が良くなるという気分をメディアが煽ってくれて（最近の株価上昇は、実際には外国人投資家が買っているためですが）、あとは株価が上昇したという事実さえあれば十分なのです。むしろ中身がなくて、普通の人にとってわかりやすく、単純化された言説、みんなが何も考えなくなるような一言が、バブルを作り出すために必要なんです。

小泉構造改革のときも同じでした。「改革なくして成長なし」というスローガンだけがあって、何でそうなるのかがわからない。風が吹けば桶屋が儲かる、みたいな話です。

バブルを作るための政治の下では、反知性主義的な風潮が広がります。論理的に説明できない言説が横行するからです。いまや知識人と呼ばれるような人びとは、ほとんど影響力を失い、まっとうな言論が成り立たない状況です。

「アベノミクス」も、小泉「構造改革」と同じく、「劇場型政治」のスローガンです。金融緩和と財政出動、成長戦略で「三本の矢」などと言っていますが、それによってなぜ日本経済が再生するのか、きちんと説明できない。実際にはこれらの政策は「失われた20年」の間、繰り返されてきた政策で、それをエスカレートさせているに過ぎません。ほんとうは肺炎にかかっているかもしれないのに、風邪薬を飲んで効かなかった。だから、もっと風邪薬の量を増やせば、治るかもしれないと言っているのと同じです。言葉が上滑っているだけで、論理的な脈絡がないわけです。

そして、じつは、むしろそれこそが大事なのです。メディアを通じて「よくなってるぞ、よくなってるぞ」という刷り込みをやることで、根拠なき熱狂を作り出し、株価を浮揚させることが目的なのですから。同志社大学の浜矩子教授は「アホノミクス」と表現していましたけど、みんなが熱狂すればそれで十分なのです。

毎日のように刷り込まれていると、まるで暗い部屋で呪文を繰り返し聞かされたり、説教を延々と聞かされているのと同じ効果があるわけです。どのチャンネルをひねってもアベノミクス。どの新聞を読んでもアベノミクス。週刊誌でも「アベノミクスで儲かる株１００」なんて特集をしています。結局、小泉構造改革のときの「改革には痛みを伴う」とか言って、終わってみたら痛みだけだった。気がついたときには、日本の産業の国際競争力が衰退し、格差や貧困が広がってしまった。でも後の祭りという、あの経験と同じです。

これが「劇場型政治」とバブル循環の関係です。気分を良くして、すべての人が乗っかれる、楽しいお話を作るということが政治のすべてになっている。そして、こうした政治の下では、政治家は育ちません。まっとうな政策を立てる必要はなくて、パフォーマンスが上手であればいい。そして、効果がなければ、すぐ政権を使い捨てにする。これが繰り返される。

また、こうやってバブルを作り出すことで、株価が上昇して企業決算がよくなり、本業の競争力低下や過去のバブル崩壊（原発事故もそのひとつ）による隠れた不良債権、あるいはその責任を取りたくない人たちを救うことになります。金融機関もそうです。資産価値が下落していけば不良債権はその分、増えてしまいますよね。逆に株価が上がれば、これを当面ごまかしていけるわけですから、バブルの損失をバブルで取り返そうという動機が働く。劇場型政治の背景には、こうした構図があります。実はそれが「失われた20年」をもたらしたのです。そして今も、同じ過ちを繰り返そうとしています。

原発とアベノミクス

さて、みなさんは疑問に思っていらっしゃると思います。福島原発事故から2年しか経っておらず、いまだに事後処理のめども立たないうちに「アベノミクス」とか言って浮かれるなんて、こんなばかげたことがなぜ起きるのだろうと。

しかし、ここまで見てきたように、バブル循環のなかで起きてきたことを理解すれば、いま起きていること、隠されていることの本質も見えてくるはずです。

いま起きているのは、過去の不良債権隠しと同様の事態なのです。つまり、原発という不良債権を隠すために、株価を上げる政治、みんなを気持ちよくさせる政治が必要になっているということです。

その後ろにいるのは、55年体制の財界の中枢を牛耳る「守旧的な産業」です。１９５０年代以来の、鉄鋼、電力、化学といった巨大装置産業が、いまだに財界の中枢を支配していること自体が、この国を行き詰まらせているのです。よく官か民かなどという議論がありますが、じつはこういった55年体制の財界こそがいま、一番の「抵抗勢力」になってしまっているのです。

こうした産業が日本経済のど真ん中の位置を手放さないことで、この20年間、日本は失敗してきました。いわゆる「失われた20年」です。1990年代の不良債権問題から東京電力福島第一原発事故にいたるまで、経営者も監督官庁も、誰もその責任をとってはいません。こうした現実を隠蔽するために、小泉政権以来の劇場型政治を展開しているのです。ということは、これに乗せられると、私たちの未来は「失われた20年」を超える「失われた30年」となってしまうということです。いや、40年かも知れません。そうなったら、あとは飯田哲也さんや若い人たちに託すしかないですね（笑）。

結局、「隠された不良債権」をごまかすための政治が「アベノミクス」であり、そのなかでも最大の不良債権が「原発」なのです（米国のルール圏に組み入れられ、日本の経済と社会を破壊するTPP（環太平洋戦略的経済連携協定）の問題も重要ですが、時間の制約上、ここでは省略せざるをえません）。そして、この大失敗のど真ん中に政・官・財のリーダーたちがいるのです。つまり、福島原発事故が収束していないにもかかわらず、失敗した原発推進政策に逆戻りし、安全性を担保できない原発という不良債権を抱えた電力会社を救済するために、必然的にアベノミクスが出てきたのだと考えるほうが非常にわかりやすいというのが、私の見立てです。しかし、このごまかしは、日本の産業の国際競争力のさらなる衰退を加速させて、必ず失敗します。

「原発がないと日本経済はダメになる」のウソ

そこで問題となるのは、アベノミクスで日本経済は再生するという人たちが一方でさかんに言っている「原発がないと日本経済はダメになる」という主張です。そういう議論を毎日のように垂れ流されていると、多くの人が信じてしまいます。

しかし、忘れてはいけません。福島事故直後、「メルトダウンはしていない」という発表がくり返され、放射性物質がどのように拡散していくかとシミュレートしていたはずのＳＰＥＥＤＩ（緊急時迅速放射能影響予測ネットワークシステム）の情報は隠されていました。電力不足もこけおどしでした。結局、「ずっとウソだったんだぜ～」っていうのが後になってわかったわけです。アベノミクスと同じで、原発必要論も一種の刷り込みなんです。

一つずつ、そのおかしさを検証してみましょう。

まずは、すでに現実によって否定されている「電力不足キャンペーン」ですが、最近になっても、産経新聞などは社説で「夏の電力不足が深刻な危機をもたらす」などと書いています。しかしこれは資源エネルギー庁のまとめによってすでに否定されています（朝日新聞２０１２年９月５日）。これによれば、大飯原発の再稼働なしでも、中・西日本全体でみたとき、12年８月のもっとも暑い日でさえ電力の余剰は８・６％あったというのです。これは、他電力から関電への電力融通を行なえば十分にまかなえたということを意味しています。

この数字は電力会社の推計をもとにしています。これまでを見るかぎり、電力会社はデータ改

表①　電力各社の2012年夏の最大消費電力

電力会社	事前予想（万kW）	実際の最大消費電力（万kW）	食い違った割合
北海道	500	463	－7.4%
東北	1434	1359	－5.2%
東京	5520	5078	－8.0%
中部	2648	2478	－6.4%
関西	3015	2681	－11.1%
北陸	558	526	－5.7%
中国	1182	1085	－8.2%
四国	585	526	－10.1%
九州	1634	1521	－6.9%

＊事前予想は、2010年並み猛暑を前提とした数字　　「東京新聞」2012年9月7日

ざんや情報隠しをくり返してきましたので、実際には８・６％どころではないでしょう（表①）。

さらに、彼らの地域独占を守るために、多くの企業が持つ稼働可能な自家発電も無視されていることが予想されます。電力を自由化すれば、さまざまな企業がもっている自給用電力が市場に大量に出てくるはずです。

いま、技術がどんどん進歩しています。天然ガスはもちろん、発電とともに排熱も利用するコジェネレーションや、熱効率の高いコンバインドサイクル発電も当たり前になってきています。石炭火力だって、すごく効率のいいものができています。電力自由化、発送電分離を行なえば、隠れていたこうした電力がどっと出てきて、電力会社の独占の理由はなくなってしまうのです。

逆に言えば、電力会社が原発を維持したい理由もここにあります。原発がいらないということになると、発送電分離は非常に簡単に実行に移せてしまう。「原発は必要」「その原発のような巨大発電所を運営できるのは九電力だけ」と言い続けるのは、そのことで「その必要な原発を維持するには地域独占体制を維持しなければならない」と主張したいがためなのです。

そういうわけで、もはや電力不足キャンペーンの根拠は完全に崩れてしまったと言っていい。代わりにいま、さかんに宣伝されているのが「燃料費上昇キャンペーン」です。

新たに始まった燃料費上昇キャンペーンのからくり

原発をやめると、その代償として火力発電を稼働させるため、石油などの費用が3兆円近くかかる。そうなると発電に必要な費用が膨らみ、電気料金に転嫁しなくてはならなくなるから、原発を動かさないと日本は立ち行かなくなる——こういう主張がいま、くり返し喧伝されています。

そのなかには短期的な話と長期的な話の2つが含まれています。

短期的な話は、福島原発事故以降、原発が停止した分、火力に振り替えたことによって、燃料費が上昇しているというものです。

ここでは、たくみな「すり替え」が行なわれています。

まず第一に、燃料費として出されている数字は、実績を精査してはじき出したものではありません。例によって、電力会社が提出した供給計画に基づいて、シミュレーションで計算した数字にすぎないのです。しかも、その数値は、もっとも燃料費コストが高い、老朽化した石油火力を増やしていくことを前提にしています。ガスの調達価格も、40年ほど前に結ばれた石油価格に連動するカタールとの契約に基づいています。先ほど述べたように、企業の自家発電からの購入もありません。

図③ 止まっている原発の維持コスト（2012年）

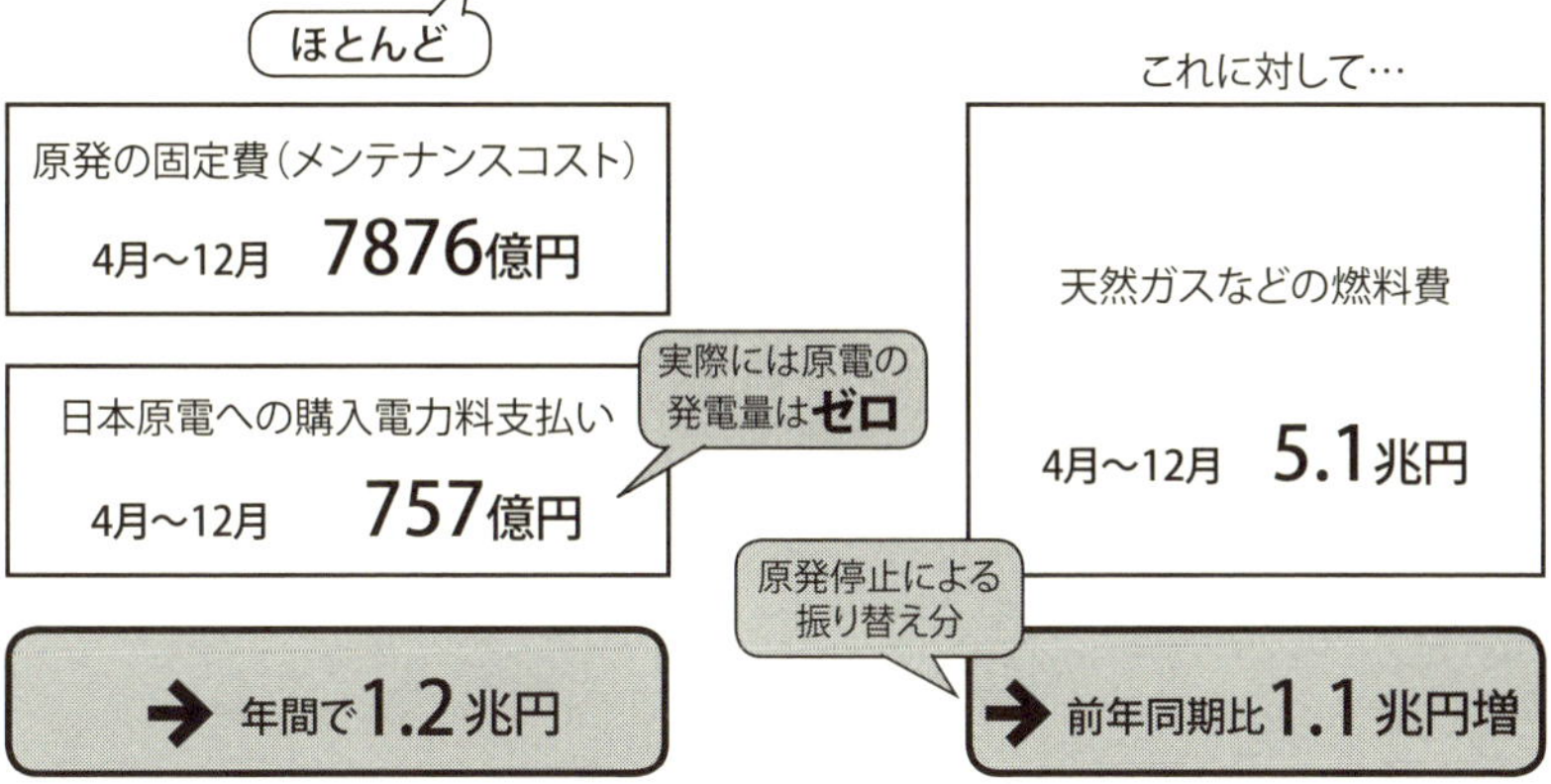
ほとんど
原発の固定費（メンテナンスコスト）
4月〜12月 7876億円
日本原電への購入電力料支払い
4月〜12月 757億円
実際には原電の発電量はゼロ
➔ 年間で1.2兆円
これに対して…
天然ガスなどの燃料費
4月〜12月 5.1兆円
原発停止による振り替え分
➔ 前年同期比1.1兆円増

注：数字は九電力の合計。2012年、全国の原発50基のうち、稼働したのは
北海道電力泊原発3号機（同年5月まで）と関西電力大飯原発3、4号機（同年7月から）のみ。

「朝日新聞」2013年3月24日付記事より作成

昨年、立命館大学の大島堅一教授が、シミュレーションではなく、有価証券報告書を見て実績値から原発のコストを計算し直した『原発のコスト』（岩波新書）を出版しました。この本は大佛次郎論壇賞を受賞しましたが、非現実的な稼働率などの数値をモデルとした「原発は安い」論はそれによって否定されてしまいました。今は、これに安全投資や損害賠償費用が加わりますから、もっと高くなるはずです。ところがいまの燃料費キャンペーンは、いまだに非現実的なシミュレーションを前提に語られているのです。

第二に、原発の固定費の問題があります。拙著『原発は不良債権である』（岩波ブックレット）で明らかにしたように、原発は止めているだけで固定費がかかるのです。その額は、50基で年間1・2兆円に上ります。

朝日新聞はこれまで、「原発を止めることで燃料費が3兆円増加する」などと書いていましたが、

2013年3月24日付けの記事では、この固定費問題を取り上げ、電力各社の決算報告書を読み込んで分析しています（図③）。

それによれば、2012年4月から12月までの期間で見ると、九電力の燃料費は約5・1兆円。前年同期比での増額分は1・1兆円にとどまります。これだけで、燃料費増加分が3兆円という話は誇張があることがわかります。次に、この記事は、電力各社の原子力発電費、つまり原発の維持費、固定費に目を向けています。決算報告書によれば、この固定費が、同じく九電力で、12年4月～12月の9カ月分で7876億円でした。思い出していただきたいのは、この時期に動いていた原発は、北海道電力泊原発（5月まで）と関西電力大飯原発3、4号機（7月から）だけだったということです。つまり7876億円のほとんどは、止まっている原発の固定費なのです。どうしてこんなにかかるのでしょうか？

たとえば普通の工場であれば、動かしていないときは人員を別の工場に移したりできますし、電気もまったく使わなくなるので、原価償却費は多少積むとしても、コストは著しく低くなります。ところが原発のばあい、止めていても冷却を続けなくてはならないし、人員を他に移すわけにもいきません。維持費＝メンテナンスコストがすごくかかるわけです。減価償却費も、稼働率を落としても一定額は積んでいかなければならない。諸種の税負担などもあります。

さらに電力各社が所有している原発の固定費のほかに、東京、関西、中部、北陸、東北の五電力は日本原子力発電（日本原電）に「購入電力料」として12年4月からの半年間で757億円を支払っていることを、この記事は指摘しています。原電の原発は12年度にはすべて止まっていましたから、この「購入電力料」も結局、日本原電の原発の固定費や人件費などに当てられたということになります。

ここから記事は、12年度の1年間で九電力が原発のために支払った額を、約1兆2000億円規模と推測しています。修繕費を含めた通常の固定費は1・4兆円ほどになりますが、原発を止めても、原発の固定費は1・2兆円かかるわけです。この1年間の燃料費の増加分（4月〜12月分）1・1兆円に匹敵するのです。つまり増えた原価のうち、燃料費が占めるのは半分程度で、残りは原発の固定費なのです。燃料費キャンペーンは、有価証券報告書の範囲内で見ても、過度に誇張されていることがわかります。

原発は動かしていれば収益が上がって、固定費が相殺できますが、止めても固定費がゼロにならないので巨額のマイナスだけが出てしまう。安全性が担保できず、動かせない原発それ自体が赤字の原因になるのです。逆に言えば、だからこそ電力会社は何が何でも原発を動かしたいのです。そのために、既成事実をつくるために、安全投資も無視して大飯原発を再稼働したわけです。

次に長期的な話です。原発を止めたばあい、長期的にも燃料費が増えるというデータは、民主党政権の時の第9回電力需給検証委員会によるものです。これは、先に述べたようにシミュレーションにすぎないのですが、それでもおかしいのは原発が止まった分の代替として、まず石油火力を増やしていることです。

シミュレーションコストだと、原発のキロワット／hの単価は1円とされています。これに対して石炭が5円、LNGが10円で、石油が16円（後に17円）。もっとも高い石油を代替の主力として想定しているのは不思議です。

じつは、電力需要が大きくなってきたとき、電力会社は普通、石炭火力、ガス火力の順で動かしていくのです。石油火力は最後なのです。なぜなら、石油火力の多くは老朽化してコストが高いからです。繰り返しになりますが、ガスの調達価格も40年ほどまでに結ばれた、石油価格に連動するカタールとの契約に基づいています。

この原子力1円という数字もおかしくて、これは完全に失敗している使用済み核燃料の再処理サイクルを前提にしているためです。この問題はあとで取り上げます。

結局、原発の稼働率をまったく現実的でない高さに設定した上で、地域独占を守るために、それを老朽化した石油火力に振り替え、電力会社の供給計画に従ってシミュレートしてみたということなのです。都合のよい数字を並べて、現実から遊離した想定をしているわけです。

むしろほんとうに問題なのは、原発がどんどん不良債権化して、固定費が赤字の原因となるので、安全投資も無視して早く原発を動かしたいという電力会社の思惑の方なのです。

次に、電力会社が、原発という不良債権によって、どうにもならないところに追い込まれつつあることを具体的に検証し、私たちが、この事実にどう向き合うべきなのかを考えてみたいと思います。

第2章

求められる　原発「不良債権」の処理

金子勝

「経済性より安全性」論が陥る落とし穴

脱原発を掲げる人は「経済性より安全性を」という議論をしてしまいがちです。しかし、これは、二重の意味で問題があると思います。

一つには、この言い方は「原発を動かしていくことに経済性がある」という前提に立っていることです。しかし、見てきたように「電力不足論」にしろ「燃料費上昇論」にしろ、例によって電力会社得意の恣意的なデータに基づいたものですから、「原発は危険だが経済的」という見方自体が成り立たないわけです。脱原発派は、政府や電力のキャンペーンのうそをきちんと見抜き、暴いていかないといけません。

もう一つは、安全性と経済性の関係を掘り下げて考えていないように思えることです。つまり、電力会社の経営的観点からみた「経済性」の追求こそが安全性を脅かしているという状況をよく見ていないように思います。

電力会社の経営を検証していくと分かるのは、原発が不良債権化して、どんどん重荷になっていることです。こちらの「電力8社（単独）の2013年3月期第3四半期決算」（表②）という表をご覧ください。わかりやすくいえば、関西電力は、このまま電気料金の値上げをできずにいると、原発をあと2基動かさなければ、赤字から脱出できないということです。しかも税金の前払い分として資産に計上している繰延税金資産を取り崩すと、自己資本（純資産）比率は一気に4%台に落ち込んでしまい、債務超過、つまり実質的な経営破綻状態に陥る状況でした。

表②　電力8社（単独）の2013年3月期第3四半期決算（億円）

電力会社	経常利益（累計）	経常利益（第3四半期）	自己資本（比率）
北海道	▲769	▲280	12.2%
東北	▲558	▲224	13.0%
中部	▲39	▲37	23.3%
北陸	111	▲65	24.6%
関西	▲2490	▲579	14.9%
中国	▲246	▲100	18.1%
四国	▲ 459	▲ 236	18.8%
九州	▲ 2368	▲ 668	13.0%

各電力会社の決算より作成

　また、九州電力も同じような状態で、自己資本の毀損《きそん》がひどい。恐らく、4基動かさないと採算が取れない可能性が高い。今回申請されている電力料金の値上げが認められれば（その後、4月に認可―編集部注）、収支は黒字になるでしょう。それでも、おそらく原発の安全性強化に投資するゆとりはありません。したがって、原発を再稼働するとしたら、関西電力も九州電力も安全を十分に強化しないままで稼働するはずです。原子力規制委員会が、安全投資に5年間の猶予期間を設け、1回限りの延長を認めるとして40年廃炉の原則を投げ捨て、60年間の稼働を認めましたが、その背景にあるのが、まさにこうした電力各社の経営事情なのです。

そもそも原発は、「経済性」を重視すると、安全投資をできるだけ低く抑え、できるだけ長く運転すればするほど、コストが安くなるものです。しかし、それは危険性を著しく高めます。福島第一原発の各機が、いずれも30年を超過した老朽原発であったことを踏まえれば、40年以上の稼働という「未知のゾーン」まで老朽原発を動かすほど危険なことはありませんし、福島第一原発事故の教訓を何も踏まえていないことになります。

電力会社が原発を動かしたい理由

原子力規制委員会が出している新安全基準は、福島事故の原因究明もできないうちに「地震の影響はなかった」と結論して進めている不思議なものです。しかし、そこで義務付けられているフィルターつきベントの取り付けだけでも、少なくとも1~2年はかかります。正確なコストはわかりませんが、最低でも1基３００億円ほどはかかると言われています。

先ほどお話ししたように、電力会社にはその財政的な余裕はありません。だからこそ、規制委は「猶予期間を設けます」などと言い出しているわけです。しかし、万が一、この猶予期間に事故が起きたら、誰が責任をとるのでしょうか。「猶予期間を設けていい安全基準」とは一体何なのかと言いたくなります。

こうして分析をしてみると電力会社がなぜ原発を動かしたいのか、その理由が見えてきます。

それは「動かさないと電力会社が潰れてしまうから」です。ここを冷静に見なくてはなりません。

では、電力会社が安全性を重視して原発の廃炉を推し進めたばあい、実際に経営はどうなるのでしょうか。

資源エネルギー庁の資料によれば、全国の原発の簿価上の残存価値（原価償却が済んでいない分の価格）は2兆３９５６億円に上ります。核燃料についても、すでに装着した分とまだのものと合わせると７６９３億円。これに加えて、電力会社は廃炉のための引当金を積む必要があります。なぜならば、原発は、完全に停止しても放射能に汚染されていますので、その価値はマイナスです。その処理のために廃炉の引当金を積んでいます。２０１１年時点でその引当金の不足額は1兆２３１２億円になります。これらを合計すると4兆３９６１億円にもなります。もし全原発を廃炉にすれば、それらがすべて特別損失として表面化してしまうのです。

しかも問題はそれだけではありません。廃炉引当金は、稼働率76％、稼働年数40年の前提で積むことになっています。ですので、トラブルが起こって稼働が停止している間は、積み立てされません。するとその分だけ、引き当て不足になるわけです。とくにひどいのは、柏崎刈羽原発の2～4号機。これは中越地震でずっと止まっている状態になっているために、原価償却不足プラス廃炉の引当金の不足額が一番大きい。つまり、電力会社が「経済性」を優先するなら、過去に事故やトラブルがあった原発ほど動かしたくなるわけです。

原発は止めていても年に1・2兆円もコストかかる一方、原発を廃炉にしても4・4兆円もかかる。止めたままでも廃炉にしても電力会社は潰れてしまうのです（図④）。まさに原発は不良債

図④　原発は不良債権

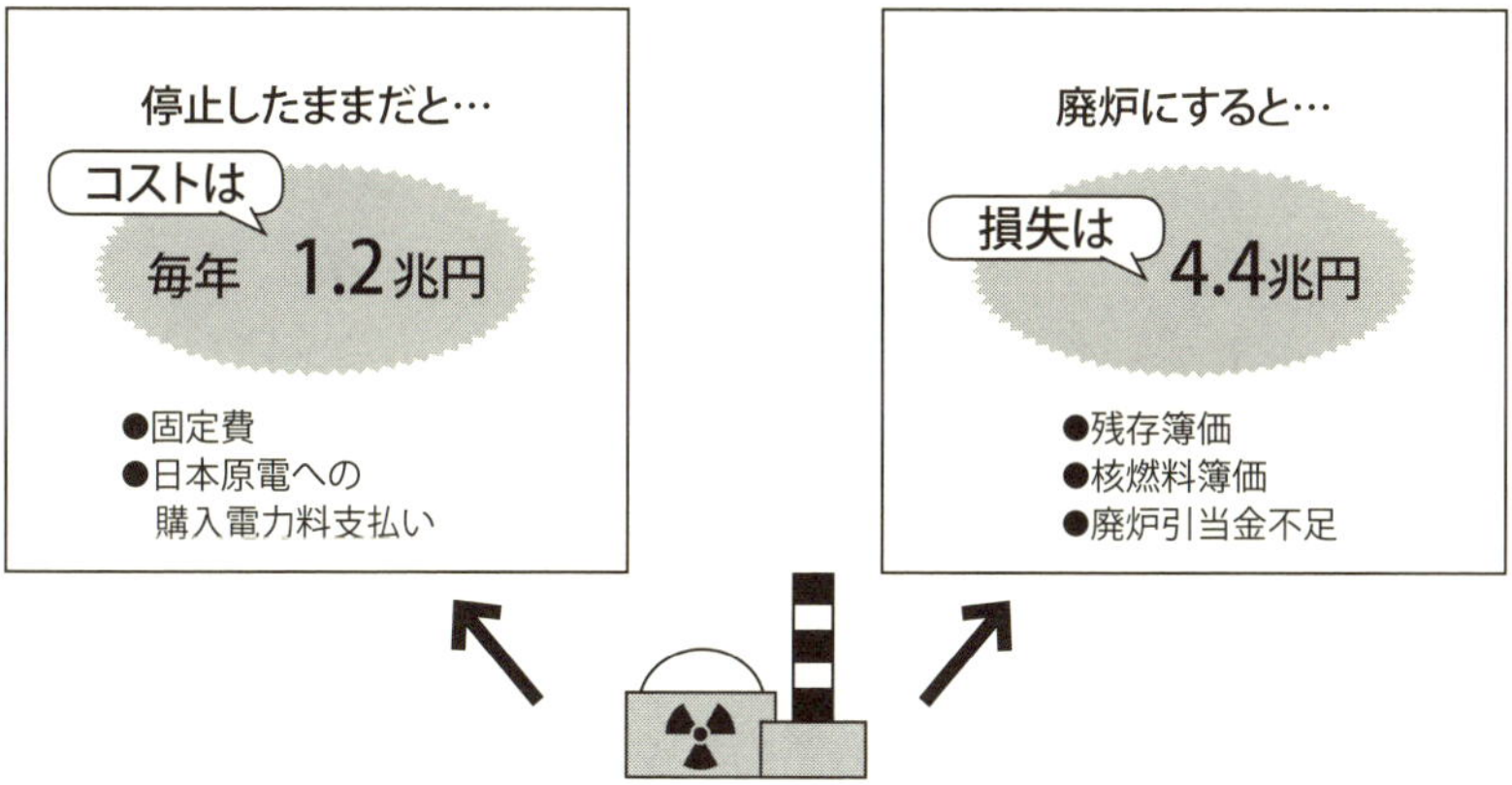

注：数字は全国の福島第一原発をのぞく原発50基の合計

権そのものなのです。

しかしこの問題を突破するのは決して難しいことではありません。必要なのは、90年代に行なわれた金融機関の不良債権処理と同様の対応です。

電気事業連合会の八木誠会長（関電社長）は2月15日の記者会見で、「いまの状況では（原発は）たぶん持てない」として、発送電分離を行なえば原発は維持できないことを正直に認めています。発電会社単体で原発を維持するにはあまりにも重荷だからです。原発は止めているだけでも固定費がかかる、廃炉にするにも膨大な簿価上の残存価値があるし、引当金も不足している、ということです。これをどうするのか。私たちの側も答えを持たないと、電力改革を進めることはできません。

原発は不良債権です。であるならば不良債権処理と同じ方式を取るしかない、というのが私の考えです。つまり、原発の廃炉を前提に、簿価上の残存価値と廃炉の引当金不足額に相当する額を電

図⑤　敦賀原発2号機が廃炉となったら―日本原子力発電への影響―

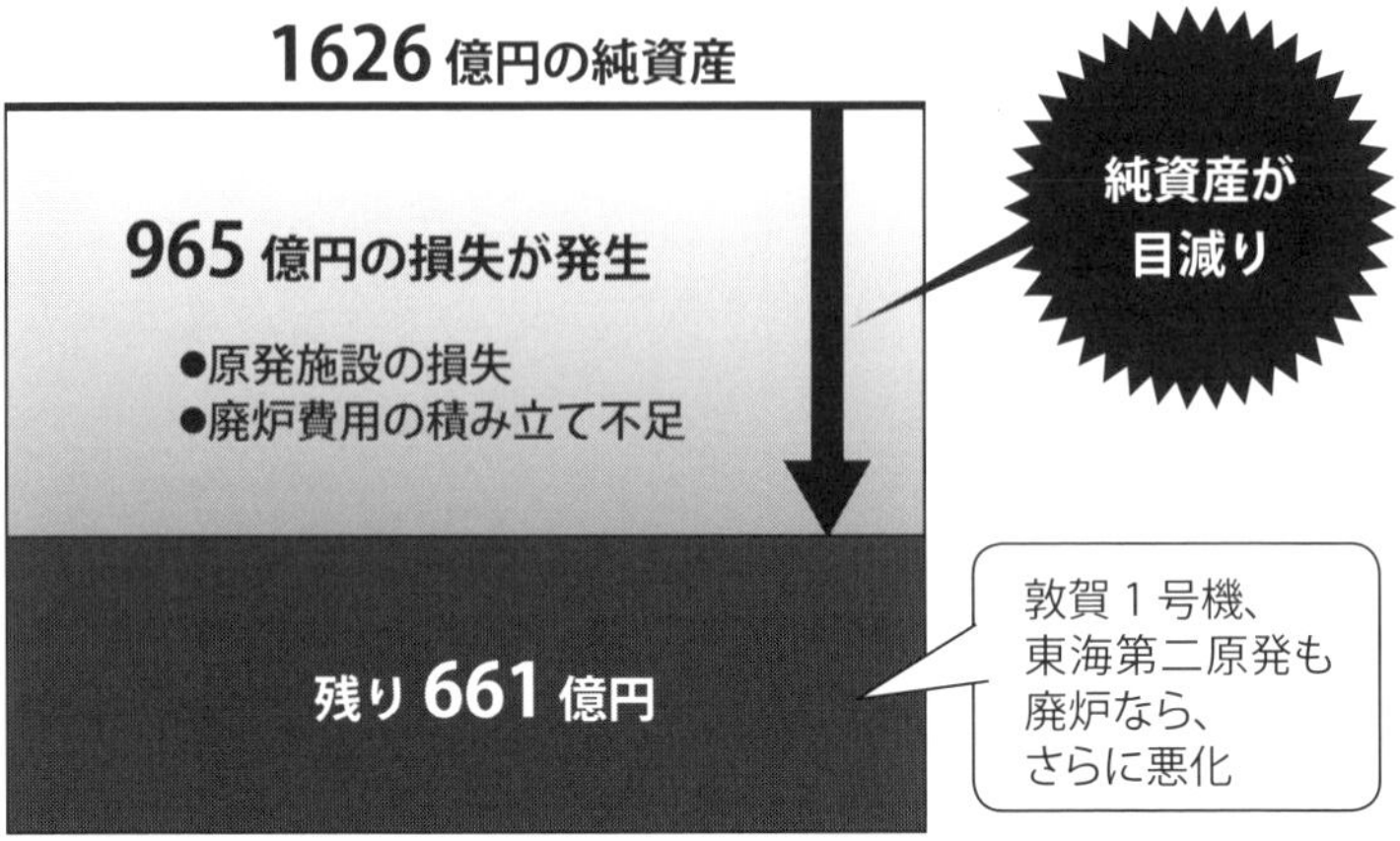
1626 億円の純資産
965 億円の損失が発生
●原発施設の損失
●廃炉費用の積み立て不足
純資産が目減り
残り 661 億円
敦賀１号機、東海第二原発も廃炉なら、さらに悪化

※ 2012 年 3 月期決算から計算

「東京新聞」2013 年 3 月 23 日の図表・記事から作成

力会社に増資させて、国がそれを引き受ける。公的資金を注入するわけです。もちろん電力会社がそれを後から買いとってもいいし、国がそれを売っ払ってもいい。国民の負担を軽減することが大事ですから。

そして、公的資金の注入と同時に、現行の電力会社の地域独占を打ち破るために、発電会社と送電会社に分離します。発送電分離改革ですが、できるだけ所有権分離が望ましいと思います。発電は自由化し、たくさんの電力会社が参入できるようにします。他方、送電会社は国が統括的に運営し、全国的に電力が融通できるようにして、現在、送電網への接続拒否にあっている再生可能エネルギーについても、積極的に接続できるように送配電網のネットワークを強化します。

私はさらにその際、同時に原発を「国有化」するべきだと思っています。先に述べたように、電力会社に任せておくと、安全性を無視しても不良

図⑥　日本原電と電力業界の関係

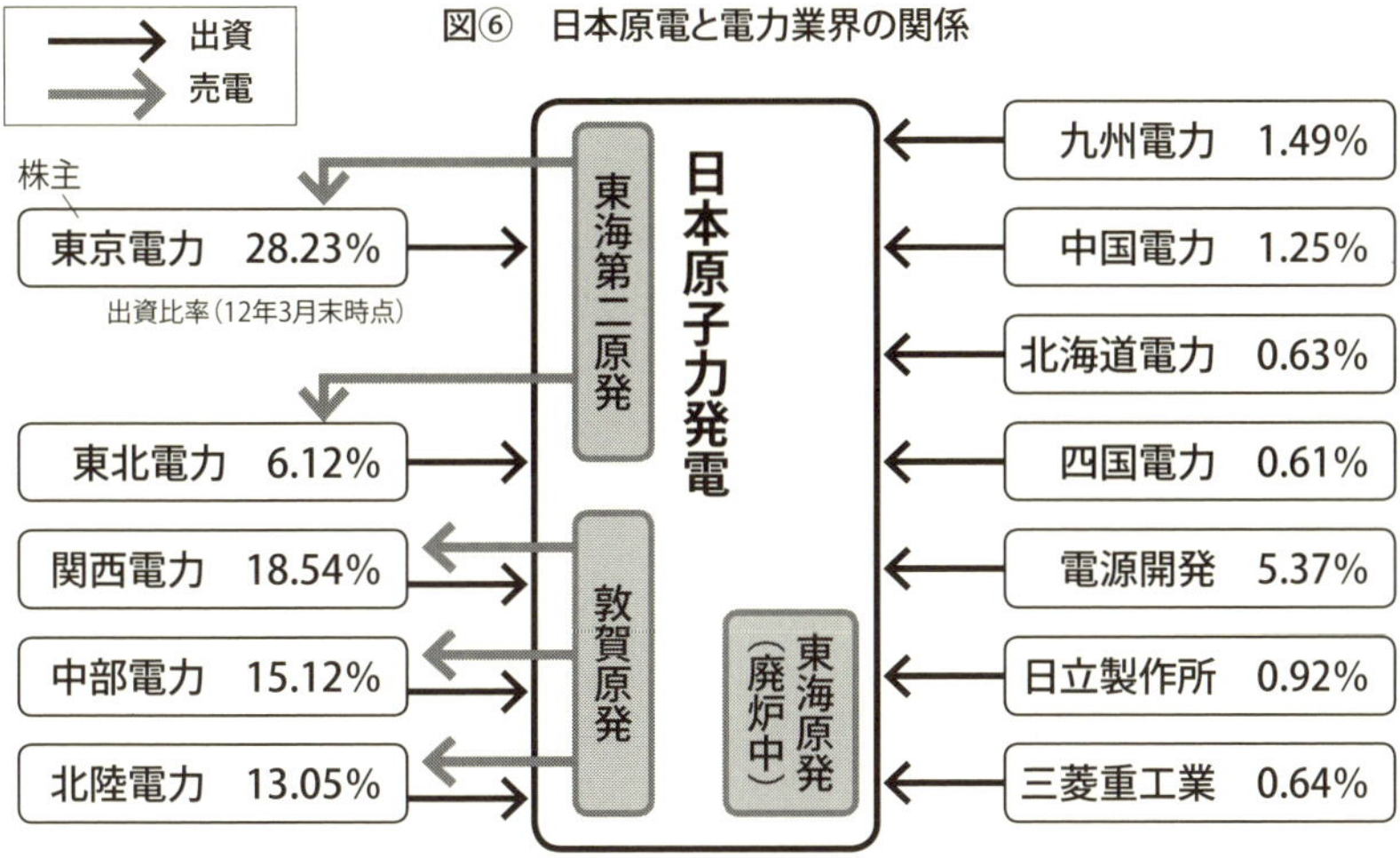

数字は2013年5月現在のもの　時事.comの図版を元に作成

債権化した原発を動かそうとする動機が強く働く構造になっているからです。

原発の受け皿となるのは、経営破綻寸前の日本原電（日本原子力発電株式会社）しかないでしょう。

現在の日本原電の経営状況は電力会社よりもひどい有様で、もはや不良債権企業そのものです。ゾンビ企業と言ってもよいでしょう。私は「第2東電」と呼んでいます。現在、東海第二原発も敦賀原発も停止中で、発電はまったく行なっていないにもかかわらず、電力五社が1000億円近くお金を出したり、債務保証をしたりして、延命させている状態です。2012年度は、これまたゾンビ化している日本原燃（株式会社）に貸し付けていた380億円の前受金を引き出して、ようやく決算を取り繕いましたが、13年度は決算できるかどうか分かりません（図⑤、⑥）。

しかも、敦賀原発1号機は40年を越える老朽原発です。２号機の真下には活断層が通っていると12年12月に原子力規制委の調査団が言っています。13年５月、規制委としてこの報告を了承し、再稼働を認めないという判断を出しています。そして東海第二はすでに運転開始から34年がたち、ＢＷＲ型なのでフィルター付ベントをはじめ安全投資をただちに行なわないといけません。しかも周辺の人口密度が日本でもっとも高い原発です。新しい地域防災計画で計画策定を定められた30キロ圏内に、約１００万人が住んでいます。いったい、どうするのでしょう。霞ヶ浦を泳いで避難しろとでも言うんでしょうか。

もはや日本原電が、所有する原発を動かすことで経営を続けることは不可能なのです。そこで私は、日本原電に全国の原発の所有を集中させ、廃炉の過程を管理させるのが妥当な政策ではないかと考えています。ちなみに、日本原電には東電元会長の勝俣恒久さんが社外取締役として天下っていましたが、経営が危うくなると、さっさと２０１２年度で退任してしまいました。

一方で、資源エネルギー庁には原発の国有化「だけ」を言う人びとがいるので注意しなくてはなりません。彼らの目指す国有化の目的は、「電力会社の救済」です。ここには私たちと非常に重要な違いがあります。そうさせないためには、原発の「国有化」と同時に、公的資金を入れて発送電分離をやらないとダメなのです。そこをはっきりさせないと、とんでもないことになります。

東電延命は福島を見殺しにするのと同じ

原発を「国有化」し、発送電分離を行なううえで、もっとも大きな壁になるのは東京電力の処遇です。東電にはもうお金がない。すでに実質的にはつぶれている。いわばゾンビ企業です。いま、どこの会社でも中途採用の募集をすると東電社員がたくさん応募してくるそうです。みんな会社から逃げ出している。いまのままでは東電に残った社員たちもかわいそうです。

すでに東電には1兆円の公的資金が注入されています。そのうえに、原子力損害賠償機構から3兆2430億円の交付金が補償費用として交付されています。合わせて4・2兆円が東電に注ぎ込まれているわけですが、実際に福島や隣接地域に支払った補償額は1月25日段階で1兆7800億円にすぎません（5月17日現在、2兆3017億円）。つまり、東電は原子力損害賠償機構からの交付金を受け取りながら、補償の支払いは遅らせることで、自己資金を積み増しして、経営が維持できているような体裁を必死で保っているのです。

当初の賠償金見込み額は4兆1059億円でしたが、実際の福島の過酷な状況を見れば、それですむはずがありません。そのうえ、この見込み額には除染費用も計上されていない。風評被害なんて言葉がありますが、これは東電被害なんですね。

しかし東電は、福島の人びとにしっかり補償する気はありません。むしろ、できるだけ遅く、少なくしようとしている。なぜでしょうか。放射能の自然減衰によって、除染しなければならない区域が狭くなっていくのを、そして、賠償支払いについても時効がやってくるのを待っているのです。

いまの東電の経営形態と賠償スキームを続けるのは、福島の人びとを見殺しにするのと同じだと私は思います。福島の人びとを見殺しにして賠償費用を削り、電気料金を値上げし、柏崎刈羽原発を動かす、あわよくば福島第二原発まで動かす——こういう手段でしか、東電は延命しようがないのです。こうしたあり方を放置しておくことは、もはや人間として許されることではありません。

この賠償スキームを定めた原子力損害賠償支援機構法（eシフトブックレットvol・3『日本経済再生のための東電解体』を参照）には、1年後の見直しという規定があります（国会はまったく何も動いていませんが）。そこには、すべてのステークホルダーが責任を負うべきであるとあります。そのなかには当然、東電の株主も含まれるはずです。彼らにも責任をとってもらう必要があります。つまり、東電を100％減資する。そして、新会社に移行してその株を売却する。そうでないと賠償費用が出てきません。子会社の株式もすべて売却するべきです。

東電に融資している銀行には、少なくとも福島および柏崎刈羽原発の簿価上の残存価値と廃炉引当金分に相当する額の債権放棄をしてもらう必要があります。

それからもう一つ。いまのようにずるずるとやっていると、おそらく福島原発の廃炉は永遠に終わりません。これも、国が福島原発を直接管理して、エネルギー予算を組み替えて予算を投入して、きちんと処理にあたるしかない。

東電と並んで問題なのは、青森県六ヶ所村の再処理工場です。これについては、拙著『原発は不良債権である』（岩波ブックレット）で詳しく説明しました。こちらも不良債権化しています。

建設費が当初の計画を大きく上回る1・4兆円。六カ所村の再処理施設は全く稼働していません。それでも、人件費と減価償却で毎年2500億円くらいかかるので、その積み重ねですでに1・9兆円も浪費しています。さらに使途不明の増資が4000億円。不透明な会計処理が

5000億円あります。

結局、再処理施設は、まったく稼働しないままで、もんじゅの2兆円とあわせると6兆円近い負担を国民に強いていることになります。これは即刻やめさせなければなりません。青森県が核燃サイクルの撤退に抵抗していますが、青森の地域振興とか、そんな理由で4兆円もの国民負担を強いてまで事業を存続する正当性はありえません。

青森県に全国から集められた核廃棄物はそれぞれの原発に「返す」しかありません。再処理工場の使用済み燃料貯蔵プールはすでに3%しか空きがないのです。とはいうものの、全国の原発の使用済み燃料プールもすでにいっぱいです。3年以内で埋まるところが33基、6~12年で埋まるところが14基という状況です。具体的な保管先を、六ヶ所村、青森県、各原発立地自治体で話し合って決めるしかない状況です。このように燃料プールの空き状況から考えても、動かせる原発の数は限られてきます。

計画から20年たっても稼働の見込みの立たない再処理事業は止め、今まで積み上がった再処理料金の積立金を六ヶ所村の再処理施設の廃炉に充てるべきです。では、現行の再処理料金はどうするのか。福島第一原発事故でまき散らした放射性物質も使用済み核燃料の一部と考えれば、現在、再処理料金として取られている電力料金分を、長期にわたって福島に振り向けなくてはならない。それがわれわれの負っている義務だと思います。

国有化した原発はどうするのか

原発「国有化」の後はどうするか。まずは、各原発の安全性について、もう一度審査する必要があります。

ただ、現状では、原子力規制委員会も彼らがつくる安全基準も信用できません。レフェリーとプレイヤーが利害関係者であるような態勢なので何を信じていいのかわからない。これを改善するには、原子力を批判的に見ることができる人を外部から入れて、再検討をしなくてはなりません。そのうえで、危険だと診断された原発は、即刻廃炉にしなくてはなりません。

さらに、原発のコストと収益を1基ずつ精査していくべきです。活断層の調査はもちろんですが、個別原発ごとに、簿価上の残存価値と廃炉の引き当て金の不足額、そして安全投資の必要額を算出する。稼働に必要な安全投資額が残存価値や引当金を上回ってしまうばあいには、完全にマイナス資産ですから、これを即座に止めるべきです。これは急がなくてはなりません。

なぜかというと、老巧化した原発ほど、簿価上の残存価値が少ないわけです。ところが安全投資の必要額はむしろ大きいわけです。こうなると電力会社は安全投資をごまかして切り抜けようとする。それであと5年しか残存価値がない老朽原発を動かしたら、これほど危ないものはないわけです。だからまずはこれを止めることが必要です。

さらに、40年廃炉を前提にして、安全投資を含めたコストが火力発電より高いばあいも、あえて原発を再稼働させる理由はなくなります。

そして、使用済み燃料プールが飽和状態の原発も稼働させない。「出口」で絞り込むわけです。こうやっていくと、おそらく、再稼働の検討対象になりうる原発はごく少数に絞られるでしょう。動かせるものについても、たとえばフィルターつきベントを取り付けるだけでも少なくとも1～2年はかかりますので、その間は動かせないということをはっきりさせておく。

「フェアなルールで、危ないものから処理していく」ことで、原子力行政への信頼を回復していく。実はこれは、不良債権処理の「原則」です。

ところが現状では原子力行政にはそれができない。危機管理能力がなく、無能なのです。そんな状態でこのまま再稼働を進めていけば、国民はほんとうによどんだ気持ちになります。

原発の不良債権処理と電力改革を行なうことを前提として、エネルギーを再生可能なものに転換していくことで、はじめて新しい産業構造をつくることができます。原発にいつまでも固執していては、古い産業構造が固定化するだけで、日本経済に必要な転換ができません。電器産業の競争力の低下などに表れているように、このままでは日本の産業はどんどん世界から遅れを取ってしまいます。

では、求められている産業構造の転換とは何でしょうか。私の言い方では、それは20世紀をリードした「集中メインフレーム型」産業構造から、21世紀の「分散ネットワーク型」産業構造への転換ということになります。この点については、もっとも詳しい専門家のひとりである飯田哲也さんとの対談で明らかにしたいと思います。

第3章

世界で進む「第4の革命」と取り残される日本

飯田哲也×金子勝

飯田哲也氏

飯田　環境エネルギー政策研究所の飯田哲也です。

金子先生と私は、問題意識はまったく一致しています。私は現在の電力体制について、いつも太平洋戦争末期の日本にたとえています。ほんとうにそっくりなのです。当時の軍部が今の経産省、政府、電力会社、経団連で、戦艦大和が原発に重なります。

戦艦大和と原発がよく似ている点は、まず1つ目は技術選択を誤っているところ。当時、世界的にはすでに大艦巨砲主義の時代は去って、航空戦の時代に入っていたのに、あの巨大な戦艦のために大量に鉄を使って、とてつもなく燃費の悪いものを作った。いまだに原発が経済に役立つと考えて、再生可能エネルギーを軽視する誤りとまったく同じです。

2つ目に、どちらも神話を作ったことです。戦艦大和は、「不沈艦を作ったから、これで日本は負けない」という神話。原発は「安全神話」に「原発は安い」神話。

3つ目は状況判断の誤り。私は山口県の徳山出身なんですが、徳山は大和が沖縄に向けて最後に出航した場所なのです。大和は、制空権が失われたなか、誰もが撃沈されることがわかっていながら出航させられました。これは事故がいつ起きるのかわからないのに、再稼働させようとしている今の政府の判断と非常によく似ています。

両者の誤りの背景に共通しているのは、まず1つ目は「無責任」ということです。しかも上にいけばいくほど無責任。結局、戦争中から今日まで、この構造は変わっていないんですね。2つ目に「無能」ということ。能力がない。東電の処理についても、問題の解決が「できない」。やろうと思っても「できない」。3つ目が「世界の常識から完全に外れている」。そして4つ目に「事実が何かを理解していない」。戦時中の日本の軍部と、いまの経団連、経産省、電事連は、この4つが完全に共通しているんです。

原発ゼロノミクスが意味するところ

飯田　これに対して、私たちが掲げる「原発ゼロノミクス」とは何でしょうか。

まずは、原発は「高い」のでやめたほうが経済によい、ということですね。しかしもっと大きな意味は、原発にしがみついていると、いま、世界的に爆発的に成長している再生可能エネルギーの分野から日本は取り残されてしまうからやめたほうがいい、ということです。いわゆる機会損失ですね。

2005年には、日本の太陽光発電は、世界市場のシェアの7割を占めていました。ところ

図⑦　世界の太陽光パネル生産量／主要国5ヵ国の比率の推移（2001-2010年）

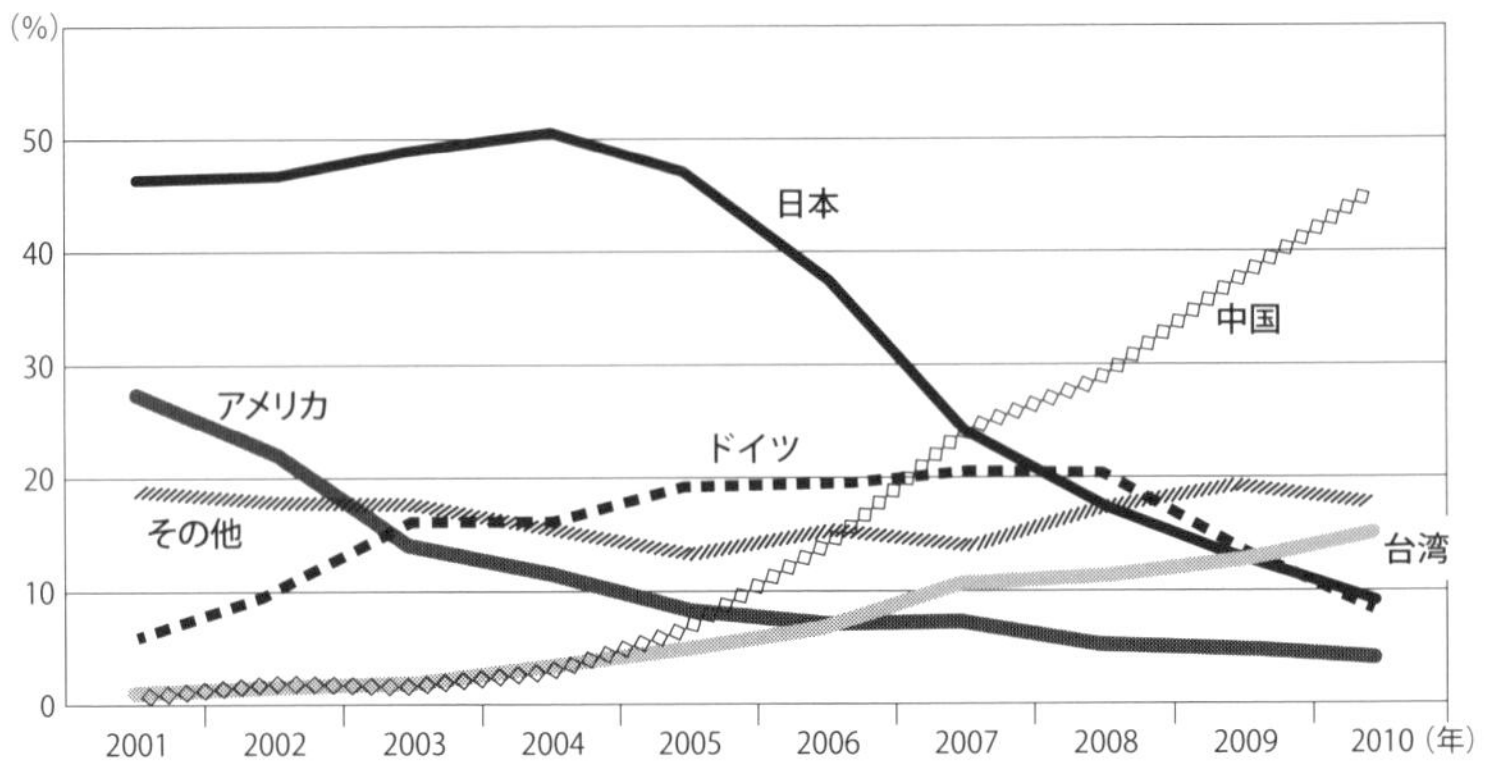

出典：アースポリシー研究所

が今は1割以下です。いや、1割どころか5%ぐらいです。その間に、市場規模が100倍になりました。日本はもう完全に置いていかれてしまいました（図⑦）。

最大の問題は、無責任で無能で、世界の常識からずれて、事実認識ができない人たちが独占市場を作っていることによって、イノベーションが阻害されているということです。新しいことに挑戦するチャンスがつぶされるのです。これをひっくり返さなくてはだめだ、というのが「原発ゼロノミクス」です。原発をなくすだけではなく、それを支えている構造を根底からひっくり返さないと、イノベーションは起きないのです。

私はこの週末に、国際会議に呼ばれてカタールとUAE（アラブ首長国連邦）に行って来ました。UAEの首都アブダビに近い砂漠のど真ん中に今、世界最大級となる10万キロワットの太陽熱発電所が作られています。作っているのはフラン

スのトタール社と、スペインのアベンゴア・ソーラー社です。

その国際会議でカタールの電力ガス水道大臣が、冒頭の挨拶で「われわれは再生可能エネルギー革命を起こすんだ！」と決意表明をしていました。半分はリップサービスかもしれませんが。

また、去年の10月に訪れたサウジアラビアでも、「これから固定価格買取制度を導入して、自然エネルギーに乗り出す」という話を聞きました。

産油国、産ガス国までもが、そういう方向に乗り出しているのです。アメリカのオバマ大統領の今年の一般教書演説でも、原子力についてはまったく触れずに、「風力と太陽光がアメリカでもっとも大きな雇用を生んだ。地球温暖化問題に対してしっかり取り組む」ということを、今の日本の首相ではとても考えられない格調高い演説のなかで語っています。

アメリカでは２０１３年3月11日に、原子力規制委員会（ＮＲＣ）が、カルバートクリフス原発の建設許可を却下しました。アメリカでは、原発の建設は１９７０年代以降、ありません。正確に言うと、ひとつだけあります。ワッツバーという原発で、建設が始まったのが72年12月１日。建設中に40年の寿命を迎えてしまったのに、いまだに作り続けているというとんでもないものなんです（笑）。

そして、去年４月に原発から撤退を決めた電力大手のＮＲＧが、最近、太陽光発電を中心とした分散型電力会社づくりに一気に乗り出しました。ＮＲＧの最高経営責任者（ＣＥＯ）は、「もう電力会社が要らない時代が始まっている」と言っています。

再生可能エネルギーは第４の革命

飯田　このように、世界ではいま、大きな変化が起こっています。日本でもそうした変化を起こすために、原子力と、それを支える構造をどう変えていくのかというのが電力システム改革です。

世界でいま起きている変化を、私は「第４の革命」と呼んでいます。再生可能エネルギーは、農耕、産業、ＩＴに次ぐ、人類史の第４の革命だということです。この第４の革命には、３つの特徴があります。

第１の特徴は「エネルギーシフト」。エネルギーが再生可能エネルギーに向かってダイナミックにシフトしていくということです。今、グリーンピースなどは「再生可能エネルギー１００％の社会を目指そう」と呼びかけています。たぶん5年前にそういうビジョンを出しても、普通の研究者からは相手にされなかったと思います。ところがいまはすごくリアリティをもっている。それは変化が加速度的に起きているからです。

「原子力は将来こう増える」という予測は、70年代から下方にはずれ続けてきました。いまでは原子力は世界的に減少する時代に入っています。ああいう巨大技術が好きな人は、アベノミクスみたいに極端な右肩上がりもお好きですが、実際にはほとんど増えていないわけです。

一方の再生可能エネルギーは、多くのエネルギー専門家にずっと嫌われてきました。あんなものは子どものおもちゃだ、ほとんど増えないだろうと。国際エネルギー機関（IEA）は2000年に「2010年の風力発電の発電量は、世界でもせいぜい3000万キロワットだろう」と予測していました。ところが実際には、2010年で2億キロワット。12年で2億8000万キロワット。予測を超えてどんどん増えているのが現実なのです。

たとえば中国の去年の太陽光発電は、1月から3月、4月から6月という四半期ごとに市場が倍々で増えて、昨年1年間で600万キロワットに達しました。今年は1000万キロワットを超えるでしょう。そして来年は2000万キロワットと、猛烈な勢いで増えていくに違いありません。一方、日本も2012年に、ようやく固定価格買い取り制度が始まり、2013年3月末までの1年に満たないわずか3四半期で、前年の三倍増となる380万キロワットもの太陽光発電が設置され、累計で見た太陽光発電の設備量が倍増するほどの伸びを達成しましたが、それでも中国に置いていかれました。

昨年の再生可能エネルギーへの投資は、全世界で26兆円ほどに上りました。これが毎年、10～

図⑧　世界の自然エネルギー投資額の推移

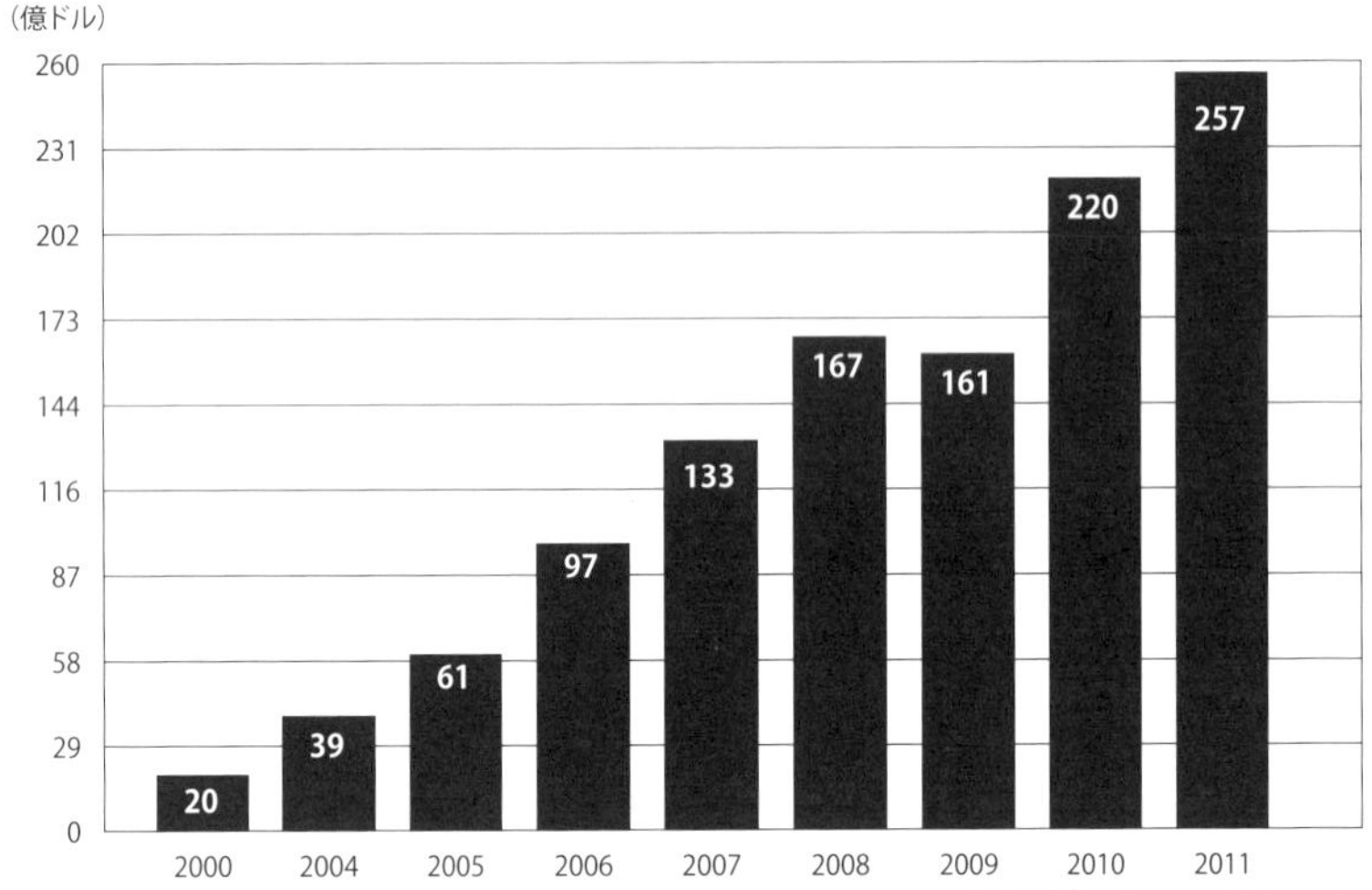

出典：自然エネルギー白書（2013年）

20％ずつ、どんどん増えていくのです（図⑧）。

そして、第2の特徴は、「緑の産業革命」ということです。前述したような勢いで再生可能エネルギーへの投資が増えていくことで、コンピューターや携帯電話、あるいは液晶テレビと同じように、どんどんミクロなイノベーションが進み、そのイノベーションによってコストも下がり、それによりさらに技術が進化するという、加速度的な変化を生むのです。こういう変化が今、起きているんです。これがまさに緑の産業革命です。

そして第3の特徴。この点を私は強調したいのですが、「小規模・分散型革命」だということです。これまで中央集権で巨大技術中心だった電力市場が、再生可能エネルギーによって（天然ガスによるコジェネもありますが）、分散ネットワーク型のエネルギーへとどんどん変わっていく。

30年前のデンマークでは、発電はすべて石炭火力で行なわれていました。しかも独占電力会社が供給していました。しかし、いまではデンマークでは石炭火力はまったく行なわれていません。すべての電気が、全国６０００基の風車と1万基のコジェネレーションによって、分散ネットワーク型にまかなわれている。しかもその所有権の8割以上は、地域のコミュニティーにあります。

インターネットの登場によって、マスメディアが情報を独占して人びとは受信者にすぎなかった時代が去り、誰でもブログやユーストリーム、ツイッターによって発信者になれるようになりましたが、今やエネルギーの世界でも同じことが起きているわけです。

こうした流れを日本にも導入して、エネルギーの世界を、お金の流れも含めてダイナミックに変えていく。しかもイノベーションがイノベーションを生むという流れにしていくこと。そのために電力へのアクセス、電力を売る自由、あるいは生み出す自由、そしてそれをみんなで取引する自由を実現すること。それによってエネルギーだけじゃなく、地域経済のあり方そのものを、分散ネットワーク型に変えていくことが必要だと思っています。

ＩＣＴ技術による小規模分散ネットワーク型への転換

金子　まさにその通りだと思います。再生可能エネルギーへのシフト、分散型エネルギー構造への転換は世界的にどんどん進んでいます。

アメリカのグリーンニューディールは失敗したかのように言われていますが、そんなことはありません。実はアメリカでもっとも熱心に再生可能エネルギーを推し進めているのが米軍なんですね。小型原発なんてものには目もくれず、シェールガスにもおかまいなく、ひたすら再生可能エネルギー化を推し進めているのが今の米軍です。インターネットと同じで、再生可能エネルギーが戦場も含めてリスクに強いからです。

そもそもＩＴも、米軍の中で技術開発が先行し、それが民間にトリクルダウンしてきたものです。集中メインフレーム型でやっていると、中央司令室がぶっこわされれば通信網が全部だめになってしまいますが、インターネットはネットワーク型なので、どこか1ヵ所を破壊されても大丈夫だからです。これがＩＴの始まりです。

アメリカは市場原理主義と言っていますが、実はイノベーションに関しては、市場にお任せしているのではなく、科学技術振興予算はもちろん、軍による技術開発を先行的に進めているのです。

エネルギーは、昔から国家戦略の問題でした。たとえばイギリスはもともと石油がとれないため、海軍でも石炭を使っていました。しかし、石炭を積んでいると艦船が遅くなって勝てないということで、チャーチルの大英断で１９０６年に石油に転換したのです。このように、軍隊先行でエネルギー転換が始まってきた歴史があるわけです。

それを思うと、米軍がリスクに強い再生可能エネルギーへとエネルギーを転換しつつあるというのは、示唆的なことです。いま、米軍では野心的目標を立てて再生可能エネルギーへの転換を進めていますが、基地において、再生可能エネルギーを省エネも含めてスマート化し、コントロールしていく技術が、民間企業にとっても新しい投資先となっていくと思います。

以上のように見てくると、飯田さんの言う「第4の革命」が、実は「第3の革命」であるＩＴ革命を基盤にしていることが分かります。最近はＩＴじゃなくて、ＩＣＴ（Information and Communication Technology）という言い方に変わってきていますが、このＩＣＴは、通信技術だけを意味するのではなく「コントロールする技術」と言えるでしょう。これがエネルギーにもたらすイノベーションというのは、再生可能エネルギーだけではありません。

たとえば旧来型の火力、水力であっても、水量をコントロールする、必要量に合わせてロスがないように運転するなど、ＩＣＴが加わることで効率化が飛躍的に可能になります。実は日本の日立や東芝も、そういう技術の水準はすごく高いのです。途上国でもそういう発注が多く、原発よりそっちの方が儲かります。

ＩＣＴ技術の発展の背景にあるのは、スーパーコンピューターのベクター型からスカラー型への転換と、それに伴う大容量化、高速化、小型化です。しかし日本はこれに決定的に遅れてしまいました。小泉政権時代に、東大の地球シミュレーターのような、ベクター型という一時代前の歴史的遺物みたいなスパコンにこだわっていたからです。今では日本は、コンピューターを動かすＣＰＵのロジック回路の設計能力も失いかけている状態です。ここをもう一度強化しないと日本の産業は立ち行かないでしょう。

こうしたＩＣＴ技術の発展によっておきているのが、先ほど飯田さんも少し触れた、小規模分散ネットワーク型への転換です。たとえば、スーパーよりもコンビニのほうが売り上げが上回るようになりました。スーパーは、同じ商品を大量に仕入れてコストを下げていく集中メインフレーム型の典型です。他方コンビニは、一つひとつは商店のように小規模ですが、POSシステム（図⑨）によって、バーコードを通じてどこでどれだけどのような商品が売れているのか、瞬時にわかるようになりました。客のニーズが瞬時に管理できるようになると、仕入れや在庫の計画が大きく効率化されるわけです。そうすると小規模でも充分に成り立つわけです。

この話で、スーパーを原発、コンビニを再生可能エネルギーに置きかえて考えれば、わかりやすいと思います。スパコンの発達で、ビッグデータがとれるようになると、地域の発電能力、蓄電量、風向きから日照時間まで予測可能になります。近い将来に、送配電網はスマートグリッド（通信・制御機能を付加した電力網・図⑩）やマイクログリッド（小規模電力供給網）によって結びつけられたネットワーク型になっていくでしょう。

再生可能エネルギーはまだ開発途上の部分がありますが、おそらくは再生可能エネルギーにおいても、こうしたICT技術に基づく効率的で安定したネットワークを確立した国が次世代を握るのだと思います。それは細かな技術導入の積み上げです。たとえば太陽光による自家発電をはじめ複数の発電施設やエネルギー消費をICT技術によって最適に統御するスマートハウス（図⑪）やスマートファクトリー、同様のことをひとつのコミュニティー全体で行なうスマートシティー、あるいはマイクログリッドによるスマートコミュニティー（表紙裏の図）と呼ばれる構想も、そうした小さなモデルといえます。今、そうした技術をめぐって世界中が競い合っている状況です。そこで勝てないと、日本の電機メーカーも建設・住宅メーカーも、生き残ることは

図⑨　POSシステム

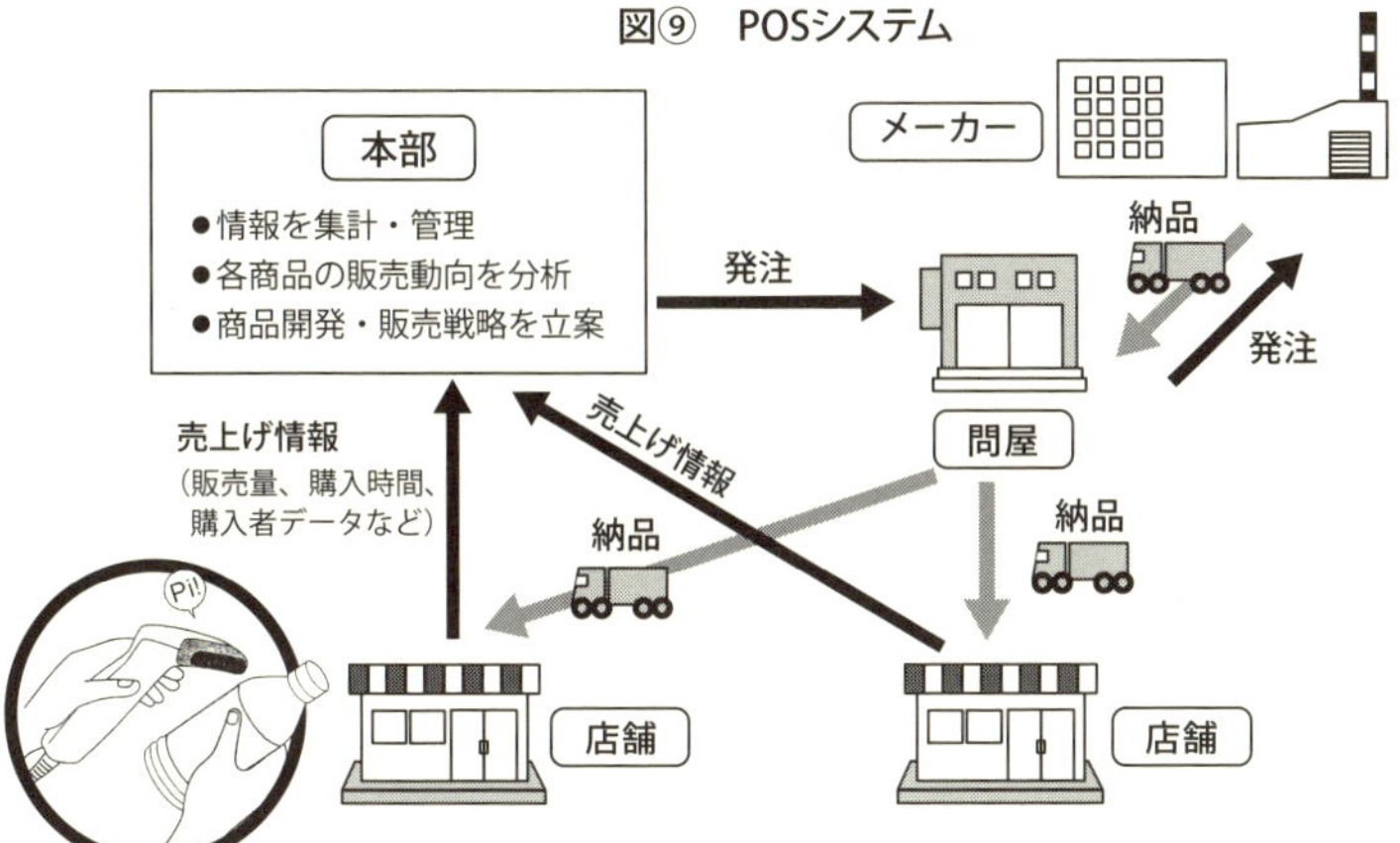

POS（販売時点情報管理）システム

コンビニのレジで、商品についているバーコードなどから情報を収集し、本部で集計・管理する。これによって、どの商品がいつ、どのくらい売れたのかなどを分析し、地域、時間、購入者層などニーズの違いにきめ細かく応じた効率的な流通・販売・在庫管理が可能になる。

図⑩　分散型エネルギーシステム「スマートグリッド」のしくみ

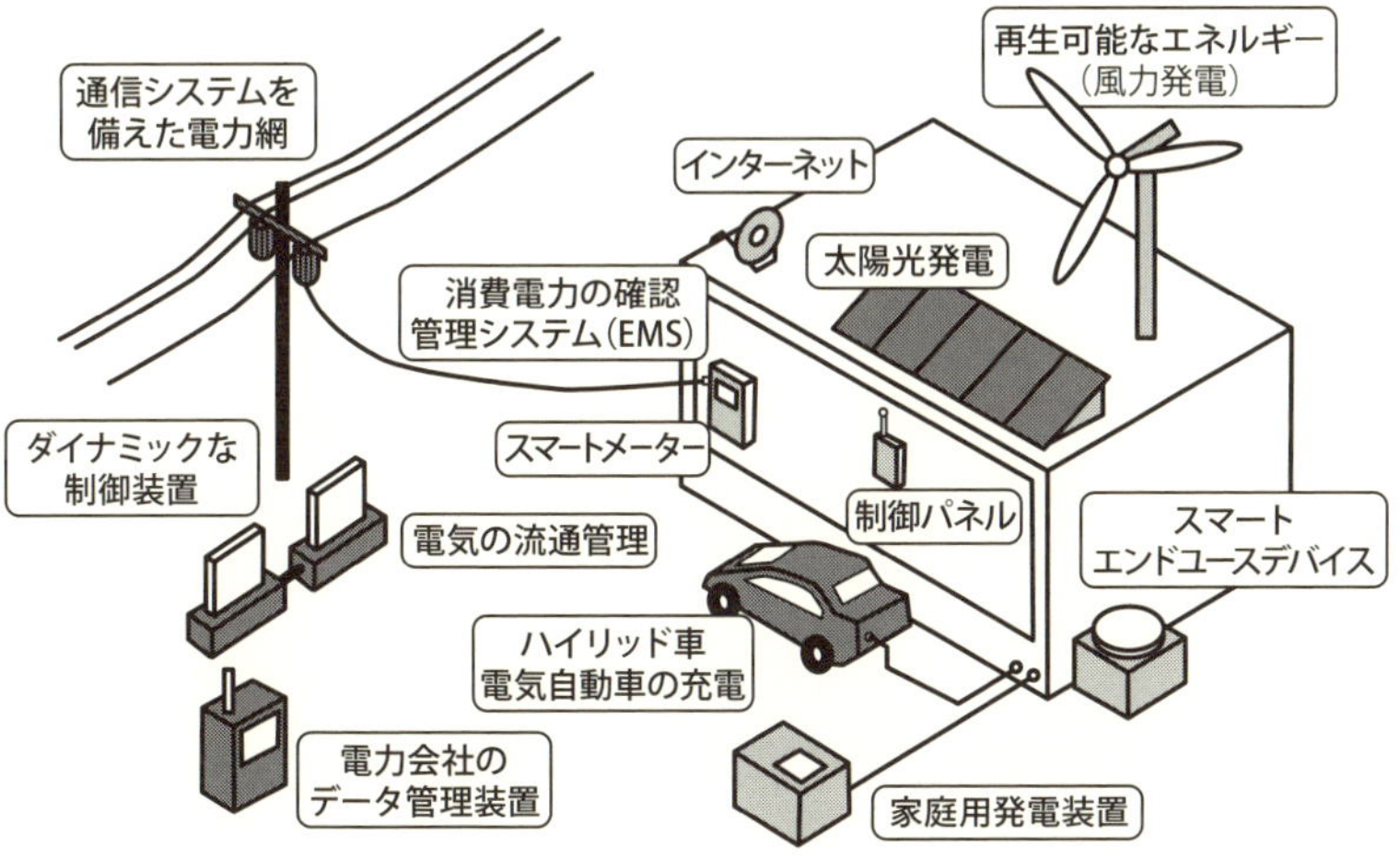

出典：米国電力中央発電所

図⑪　スマートハウスのイメージ

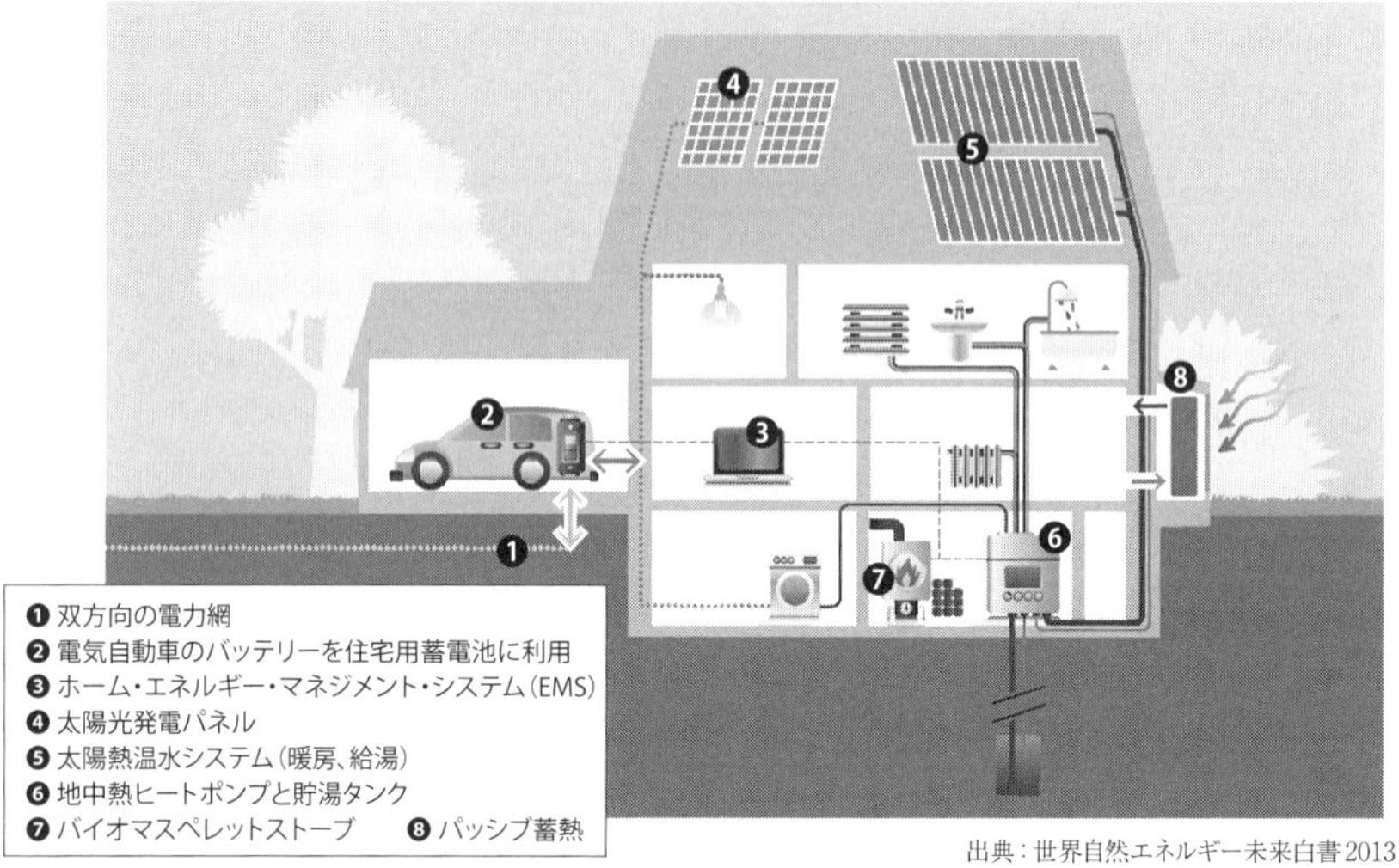

出典：世界自然エネルギー未来白書2013

できません。

このように、再生可能エネルギーへの転換というのは、こういう経済の最先端のトピックなのです。ところが、環境運動の老舗でやって来たような人ほど、清貧なライフスタイルでつつましく、経済第一主義ではない生き方をするべきだ——といった発想が多いと思うのです。

もちろんそれは、個人のライフスタイル論としては成り立ちます。しかし、私は経済学をやっているものですから、若い人の二人に一人が失業者やフリーターや非正社員であるといった状況はとても我慢がならない。やはり経済成長は必要なんです。成長という言葉が嫌いなら、雇用と置き換えてもいい。「我々高齢者は十分豊かだから、つつましく生きよう」ではすまないんです。若い人のために雇用を作り出さなければならない。

図⑫　コジェネレーション（熱電併給）システム

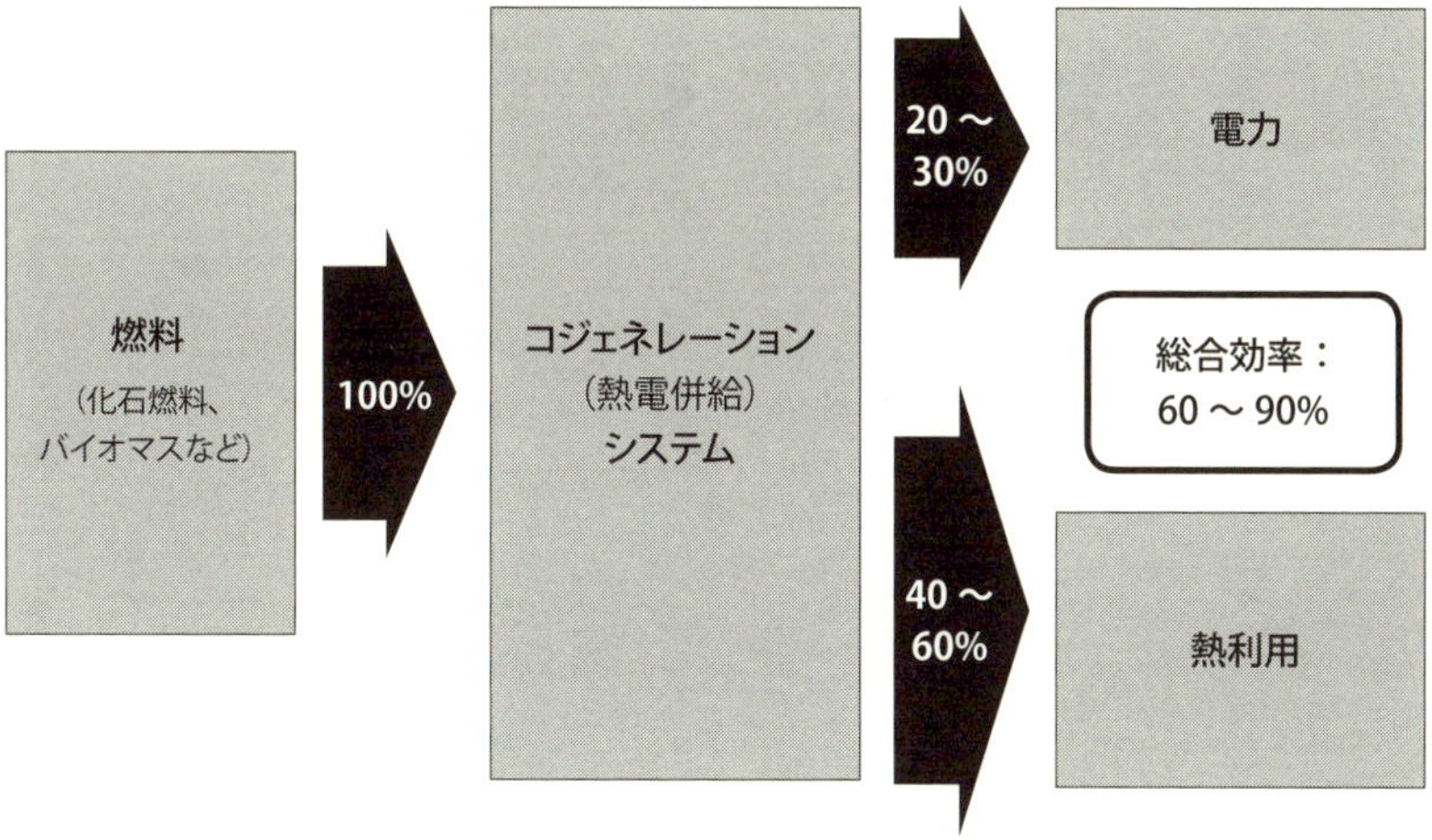

再生可能エネルギーや省エネルギーがもつイノベーション

そして経済成長には新しい技術や方法、新機軸を開拓するイノベーションが欠かせません。その可能性が、再生可能エネルギーや省エネの分野にはあるのです。省エネも産業です。電球をＬＥＤに替えたり、中が真空の窓ガラスを開発したり、太陽光パネルをとりつけたり、ガスなどで発電する際に生じる排熱をエネルギーとして利用するコジェネレーション（熱電併給・図⑫）を導入したり、スマート化で空調を調節したり、通信機能などを備えることで供給を統御できるスマートメーター（次世代型電力量計）を付けて節電したり……と、新しい技術が新しい製品を産み出し、競争力を産み出すわけです。

ところが原発を続けていると、そうしたイノベーションが阻害されるのです。飯田さんが言ったように、まさに戦艦大和です。原発がよくないのは、危険だからというだけではないのです。経済にも悪い影響があるのであって、「経済性か安全性か」という話じゃないんですね。「安全で経済性のあるものの発展を妨げてしまうのが原発」ということを、私たちは言っていく必要があります。

ＩＣＴ技術の発展によって、さまざまな分野で地域分散ネットワーク型の経済が成立するようになっています。たとえば農業。いま、ＴＰＰ（太平洋経済連携協定）に加入して、日本の農業も、農薬をヘリコプターでばらまいて遺伝子組み換え作物を作るのがよい、そのために大規模化してコストを下げるべきだなどという、できるはずもないことを主張する人びとがいます。しかし、米国の平均耕作面積はおよそ２００ヘクタール、オーストラリアは３０００ヘクタールなのに比べて日本のそれはわずか１・９ヘクタールで、それを15や30ヘクタールにしたところで焼け石に水です。だいいち、農薬をヘリコプターでばらまいて遺伝子組み換え作物を作る農業が果たして先進的なのでしょうか。むしろ21世紀には、安全や環境がもっとも大事な社会的価値になると考えると、もう時代遅れなのではないでしょうか。

実は、農業でもすでに、分散とネットワーク化が始まっていることに注意が必要です。たとえば、農家の直売所です。全国で1万６０００の直売所で、個別の農家がそれぞれバーコードをもって、流通のネットワークをつくっています。

社会福祉も、分散ネットワーク型へと進むことでしょう。いまは政府への信頼が欠如しているのでなかなか進みませんが、一人ひとりのクライアントにケア・マネージャー、あるいはかかりつけ医がついて、電子カルテを共有する地域包括ケアのしくみをつくり、医療機関や介護施設や訪問ステーションなどを結び、効率性と安心を両立させた福祉のネットワークを作り上げることができる。

こうして、小規模分散でもネットワーク型が成立するようになる。そういう21世紀の社会システム像を、先端的な技術を活用しながら私たち自身が作っていかなくてはなりません。

だからこそ、「原発ゼロノミクス」なんですね。

なんとなく考えもなく、原発動かしましょう、公共事業やりましょう、アベノミクスです——なんていうのより、ずっと夢があっていいでしょう（笑）。

私はいろんな原発立地自治体を見て回りましたが、豪華な施設があっても雰囲気が明るくないところが多い。それに比べたら、苦労しながらもドン・キホーテのように風力発電に挑戦している地域のほうが、ずっと明るく感じました。固定価格買取制度もできて、収益があがるようになってきたのですから、もっと地域での再生可能エネルギーを胸張って普及させたいですね。

飯田哲也さんはいま、全国の地域で発電会社をつくって、それをネットワーク化させようという構想を進めています。こういう動きが進んでいくことで、実態として誰が世の中を変えていくのかが見えるようになると思います。ただ反対するのではなく、より創造的に21世紀をつくっていく。そういう運動を展開しなくてはいけないし、それが僕らの世代が若い世代、未来の世代への責任を果たすあり方なのではないかと私は考えています。

第4章

地域分散エネルギーで、日本は元気になる

飯田哲也×金子勝

もう一つのキーワード「コミュニティーパワー」

飯田　昨年、再生可能エネルギーの固定価格買取制度が始まりました。各国の数字がまだ出揃っていないので分かりませんが、それまで世界の再生可能エネルギーの投融資額においてトップ20にすら入らなかった日本も、これによって、なんとかトップ10には入ることができたのではないかと推測しています。現状ではトップ1位が中国、次がドイツ、アメリカ、インドという順です。

世界を席巻する「第4の革命」に日本が追いつくには、脱原発と電力改革など、制度、システムの大改革がまだまだ必要です。しかしいま、もっとも大事なのは、技術的、政策的な話よりもまず、「エネルギーを自分たちの手に、地域の手に取り戻す」という気構えをもつことだと私は思います。

地域がエネルギー生産を取り戻すことで、非常に豊かな経済的可能性が広がります。

昨日、秋田県大潟村の村長とお会いしました。大潟村のみなさんは今、非常にがんばって再生

可能エネルギーを導入しています。この大潟村を例にとって考えてみましょう。

大潟村の人口は３２００人、１５００世帯程度です。1世帯が1年間に30万円の光熱費を使うとすると、村全体では5億円ほどになります。大潟村の年間予算が40億円ですから、村の人びとは、かなりのお金をエネルギーを買うことに費やしているわけです。電力会社やガス会社などに支払うこのお金は当然、村から一方的に出ていくだけのものです。

しかし、もしこれを自給することができれば、この5億円は、地域経済のなかを回ることになるのです。大潟村を「秋田県」に置き換えても話はほとんど変わりません。もし秋田県の人びとが使うエネルギーを、東北電力などではなく、県内で生産できれば、その分のお金が県内を回ることになります。

つまり、地産地消とよく言われますが、実は大事なのは「地産地所有」なのだということです。たとえば再生可能エネルギーと言っても、東京の大きな商社が村にメガソーラー施設を作るという話なら、そのお金はやっぱり東京に逃げていってしまう。そうではなくて、村の人たちが発電を行ない、その収益も自分たちのものにしないと意味がない。だから電気を生み出すものを自分たちが所有する、もしくはそのお金を自分たちで出すことは、地域経済にとって大きな意味があるのです。これからは地産地消ではなく、「地産地所有」を目指したほうがいい。

その意味で、いま一つのキーワードと言えるのが「コミュニティーパワー」です。これは、「エネルギーは自分たちが所有し、自分たちが生み出していくんだ」ということです。

先ほどの例で言えば、メガソーラーをつくると、だいたい3億円かかるとします。これを東京の商社がやった場合、おそらく村に下りてくるのは1000万円か2000万円程度の手間賃仕事だけです。金額も少なく、付加価値も少ないような仕事、たとえば、建設業の請負とか、下手したら孫請けかもしれません。

ところが、自分たちで事業を行なったばあいは、計画段階から付加価値の高い仕事が地域に生まれます。融資計画を立案する人、調査する人、弁護士、司法書士、金融機関。ちょっと考えただけでも、これだけの仕事が村で必要になるわけです。

受身で付加価値の低い仕事か、主体的で付加価値の高い仕事か、という選択です。地域で再生可能エネルギー事業を行なうことは、自分たちで仕事をつくるチャンスなのです。

地域での再生可能エネルギー事業が持つポテンシャルをうかがわせる数字があります。中国経産局が、昨年7月1日の固定価格買取制度発足から半年間で、中国地方に自然エネルギー事業者が何社生まれたかを発表しているのですが、それによるとなんと300社に上るというのです。

とは言うものの、このうち8割から9割は東京の大企業が地域につくる特定目的会社だと思われます。しかし1割で考えても30社です。中国地方の経済規模は、おそらく日本経済全体の30分の1程度かと思いますが、非常に意義深い数字です。こうした地域の再エネ企業は、日本全体ですでに何万社かは誕生しているはずです。

そういうなかに、たとえば神奈川県のグループ「小田原電力」が立ち上げた「ほうとくエネルギー株式会社」があります。福島では、エネルギー自給を目指す「会津自然エネルギー機構」が発足しました。大潟村でもこれから作ろうとしています。東京ではパルシステム東京が自然エネルギー電力会社の免許を取りました。こういうことがいま、日本でもどんどん起きています（写真①〜③）。

地域から再生可能エネルギー事業を起こせる時代が始まりつつあるのです。こういう動きをどう加速させていくのか。もちろん電力システム改革も重要だと思います。それを実現させていくには、経産省がナントカ委員会で話し合ったり、裏で電力会社とコソコソ相談したりといったことを市民団体が監視していくことももちろん重要です。しかし、もっと大事なことは、もっともっと多くの人たちが、自然エネルギー分野に実際に参入することです。永田町と霞ヶ関でコソコソやっているようなことを吹き飛ばす勢いが必要です。

固定買取制度が始まったものの、電力会社は風力や太陽光をできるだけ買わないように策をめぐらしています。最近、電力会社を辞めた人と会ったのですが、「いかに再生可能エネルギーを送電線に接続させないか、みんなで一生懸命知恵をしぼっている」と言っていました（笑）。

こうした妨害を打ち返していくには、もちろん上からのけん制も必要です。国会議員にもがんばってもらわないといけない。しかし、私は、やっぱり下からのエネルギー革命、デモクラシー革命こそが主役だと思っています。この下からの、地域からの大波で大きく変えていける、もうそういう時代に入ったのです。

エネルギー革命は、地域からの革命であると同時に知識革命でもあります。日本はこれに完全に乗り遅れてきました。

写真①　上は富山県滑川市の立山連峰から流れる早月川水系にある小水力発電（取水口付近）。
下は小水力発電の発電機。提供：おひさまエネルギーファンド株式会社

写真② 兵庫県丹波市にあるバイオマスによる、兵庫パルプ発電所。手前が発電所、背後が木質チップの山。
提供：エナジーグリーン株式会社

たとえば経産省は、風力発電は発電量が変動するので、それを補うためには発電所に蓄電池を備えなくてはならないと言い続けてきました。そんなことをすれば採算はまず取れないことになるので、これによって風力発電の拡大は押さえ込まれてきました。しかしスペインやドイツでそんな話をすればあきれられるだけです。

風力や太陽光は大量に送電網に入れれば、それは一つの安定した曲線になって、それをオンラインのリアルタイムの気象システムと連結をさせることで、出力をかなり正確に予測できるのです。また、メリットオーダーというしくみもあります。各発電所の電気を1時間刻みで取引するのですが、需要が大きくなるにつれて単価の安い発電所から次々に買い入れ、逆に需要が小さくなれば単価の高い発電所から切り離していく、という仕組みです。こうした新しい市場

写真③　千葉県旭市の風力発電「かざみ」。　提供：株式会社 自然エネルギー市民ファンド

の仕組みをつかって、あらかじめ予測している風力や太陽光発電の出力変動の波と需要の変動の波との差を時々刻々と埋めていくのです。

スペインは、再生可能エネルギーを安定運用する電力供給システムを、ソフトウェアとして世界中に売ろうとしています。また北欧で行なわれて成功しているノルドプールという電力市場がありますが、これもソフトウェアとして世界中に売ろうとしています。

このように再生可能エネルギー革命は、知識革命でもあるわけです。ところが日本はそれに背を向けて「戦艦大和」を作り続けてきたため、完全に取り残されてしまっています。現在、OECD34ヵ国のうち、お隣の韓国を含めて、ほとんどの国が発送電分離をしています。残されているのは、メキシコと日本のわずか2ヵ国だけと、まさに取り残されているのです。

どの国も送電網を市場に開放して、リアルタイムの気象予測で電力需給をコントロールしている時代に、日本ではいまだに、中央給電指令所で職人が「この発電所をちょっとしぼろう」「この発電所はちょっと動かそう」という手作業をやっているのです。

これこそが日本の「ほんとうに失われた20年」、いや、もう30年になるかもしれない最大の問題です。

しかし、繰り返しになりますが、こうした時代遅れのシステムを変えていくためにも、まずはみなさんが、エネルギーを地域で作るという挑戦に参画する、再生可能エネルギー革命の当事者になるということが必要なのではないかと思います。

「コミュニティーパワー3原則」

金子　なるほど。それに関連しますが、飯田さんは最近、「地域エネルギーイニシアチブ」というのを始めましたよね？

飯田　はい。名前は最近、「コミュニティパワー・イニシアチブ」と決定しました。

金子　少し具体的に、どんなことをやっていて、どの段階まで進んでいるのか、教えていただけますか。

飯田　地域エネルギー革命を目指して、お互いの経験を共有しようというのが、「コミュニティパワー・イニシアチブ」です。日本中で、地域でエネルギーを作っていこうというものです。

エネルギー事業は、ベンチャーでもできますが、一方でとても公共的な側面を持っています。たとえば風車を建てるというと、やっぱり周りの人たちから騒音が心配だとか景観が心配だとかいった声が出るわけです。建設にあたっては、そういう人たちともきちんと話し合い、合意形成しながら進めるべきだと思います。

「コミュニティーパワー3原則」というものがあり、これが今、世界のコンセンサスになりつつあります。

①再生可能エネルギーを作るときには、基本的には地域の人たちが所有権を持つこと
②建設プロセスのなかで「作るか作らないか」も含めて地域社会が意思決定の権利をもつこと
③再生可能エネルギーがもたらす収益、つまりお金や社会的なリターンは地域社会で共有さ

れること

この3つです。

そうしたことに留意しながら、コミュニティーパワーを推し進めていきたいというのが「コミュニティパワー・イニシアチブ」の趣旨です。

実際、そういう場作りが今、日本中で進んでいます。長野県の「おひさま進歩エネルギー」（写真④）や、先に少し触れた「会津自然エネルギー機構」もそうです。福島県は去年の3月に「2040年までに再生可能エネルギー100%に転換する」ということを県で決定したのですが、会津自然エネルギー機構はそれを実現する「会津電力」を作ることを目指す社団法人として、今年の2月に立ち上げられたものです。彼らは、福島県が再生可能エネルギー100%を達成するために、東京電力が会津地方にもっている500万キロワットの発電施設を買収しようという議論をしています。

二宮尊徳にちなんだ名前の神奈川県の「ほうとくエネルギー株式会社」は、「エネルギーから経済を考える経営者ネットワーク」の鈴廣かまぼこの鈴木さんたちの「小田原電力構想」が中心になって立ち上げたものです。

あるいは長崎県雲仙市の「小浜温泉エネルギー」。小浜温泉はかつて、温泉組合がNEDO（新エネルギー・産業技術総合開発機構）による地熱開発に反対して中止させた経緯がありました。ところが今、その温泉業者たちが中心となって、地熱で地域づくりをしようということで、「小浜電力」を立ち上げようとしている（図⑬・写真⑤）。

写真④　長野県飯田市にある、保育園の屋根に取り付けた太陽光発電。　提供：おひさま進歩エネルギー

こうした、自然の豊かな場所でのエネルギー作りの試みと、パルシステムのような使う側からの試みをつなげていって、経験を共有しながら、地域エネルギー革命を目指そうというのが、２０１３年３月11日に立ち上げた「コミュニティパワー・イニシアチブ」です。金子先生にも応援団で入ってもらっています。

金子　あんまり役に立っていませんが。

飯田　新庄信金の井上理事長や、城南信金の吉原毅理事長にも入っていただいて、お金とエネルギーを、できるだけ小さな単位にまわしていこうと考えています。信用金庫や信用組合は、地域の経済を支えることを目的としていますが、現状では、みなさんが預けているお金のほぼ半分しか使われていないんですね。これを再生可能エネルギー事業にしっかりまわしていく流れを一緒につくって行きたい。

５月にはエネルギー経済ネットワークの主催

図⑬　地熱発電・温泉発電の仕組み

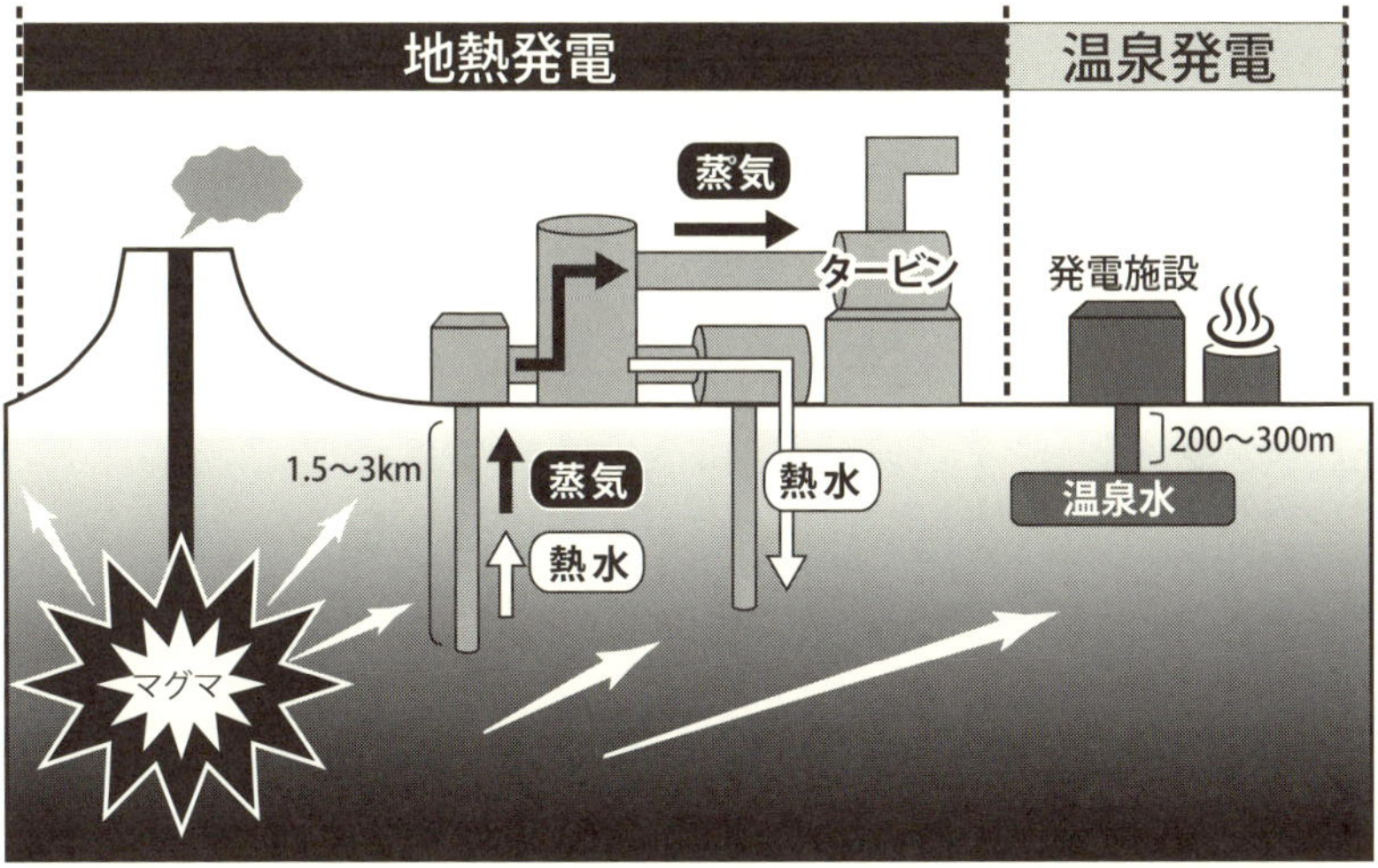

資源エネルギー庁資料から作成

写真⑤　長崎県雲仙市にある「小浜温泉エネルギー」の温泉発電所。　提供：小浜温泉エネルギー

で「ご当地電力サミット」も開催されました。来年2月には福島で「コミュニティパワー国際会議」を、世界中からゲストを呼んで開催しようという話もしています。そうやってコミュニティパワーの機運を盛り上げながら、ノウハウを共有し、みんなで学んでいく。そういう場づくりを進めたいと思っています。

地域エネルギー民主主義をつくっていく

金子　いやあ、素晴らしいですね。

私は、脱原発・脱化石燃料、再生可能エネルギーこそが新しい産業構造を作ると、この十年あまり、ずっと書いてきました。また、福島の状況に対しても非常に危惧しています。ところが情けないことに、冒頭に説明したような「バブル循環と劇場型政治」という枠組みの中で、株価高騰という餌をつるされて、根本的な解決が必要な問題をまたもや先送りしようという状況です

そういう経済、社会のありようを変えていかなくてはならないときに、再生可能エネルギーで地域を豊かにし、若い人に雇用を生み出し、それによって人を幸せにするというオルタナティブがあちこちで生まれつつあるわけです。しかも、そこには地域の出資、地域の合意という、いわば地域エネルギー民主主義をつくっていくというビジョンがある。

こうした、地域での再生可能エネルギー事業の創出というのは、オルタナティブな社会を目指すときの突破口になりうるのだと感じます。環境、安全、安心、貧困といった地域で解決していかなくてはならない諸問題の突破口になりえるのです。

福島原発事故は、集中メインフレーム型社会の崩壊を象徴する事件であり、最後通牒だと思っています。そこから私たちは、地域分散ネットワーク型社会を目指さなくてはならない。それをイメージしていこうと思ったときに、あちこちの地域の名前をつけた電力会社が無数に出てきた。なんだかすてきじゃないですか(笑)。日本の社会を担っていく主体として、実体をもった主体として、そういうものが存在している。

福島原発事故からたった2年しかたっていないわけですけど、「いやなことは忘れたい」というのが人間の常です。そのうえ、アベノミクスキャンペーンなどによって目をそらされてしまう。でもその一方で、こうしたオルタナティブな社会を展望させる動きが出てきている。こういう動きを応援していくポジティブな脱原発運動を作っていかないといけないんじゃないか。そこから、21世紀を作っていく主体ができていくのではないでしょうか。

そういう意味で、アベノミクス（アホノミクスと揶揄されていますが）に対抗して、「原発ゼロノミクス」っていうのは悪くないな、と僕は思います。

あとがきにかえて～原発ゼロノミクスへの想い

東北大学教授　明日香壽川

時代は流れても

歴史を振り返ると、しばしば人は時代の波に流されます。「時代は変わる」という歌がありますが、変わるというよりも流れるという言葉の方が、時計が逆回り、あるいは河が逆流しているような日本の現状をうまく表現しているように思います。

結局、「人間が歴史に学んだことは、人間は歴史に学ばないということだ」ということなのかもしれません。特に日本のばあい、「総懺悔」はするものの、責任は曖昧なまま、すぐ忘れてしまうことがあります。その意味で、いまの自民党政権や経済界が作ろうとしている原発推進復帰という流れは、まさに日本的だとも言えます。

でも、まだ多くの日本人が地震や福島の事故を忘れておらず、少なくとも心の中では脱原発の方が良いと思っているのも事実だと思います。選挙での自民党の得票数が増えた訳でもありません。

では、何をどうすれば良いのでしょうか?

お金や権力という意味では、脱原発をめざす私たちの力はかなり小さいです。でも、こちらには「理」がある。それが「原発ゼロノミクス」の最大のメッセージです。そのようなメッセージを出し続けることで脱原発の風景が見えるようにする。それが私たちの使命だと信じています。

「合理的な人間は世の中に自分を合わせようとする。非合理的な人間は自分に世の中を合わせようとする。だから時代を変えてきたのはいつも非合理な人間である」という言葉があります。好きな言葉で至言なのですが、日本の現在の文脈では違います。理があるのはあちらではなくこちらだからです。

ただ、世の中にはたくさんの誤解あるいはプロパガンダがあふれています。

電気代2倍というプロパガンダ

たとえば電気代。事故から1年が過ぎた2012年の夏、東京のFMラジオのニュースでアナウンサーが「原発ゼロだと電気代が2倍に上がることが政府の調査で明らかになりました」と言っていました。いくつかの経済団体がこの数字をもとに「経済への影響が大きい」として原発ゼロを批判しています。ですが、実際には原発の割合と電気代との関係は単純ではありません。

この電気代の話は、民主党政権時の２０１２年6月に、政府が複数の４つの研究機関に公式に委託して試算させて発表した数字に基づいています。2倍というのは、２０１０年の平均世帯の電気代を1万円／月と仮定したばあいの20年後の２０３０年時点での原発ゼロシナリオでの電気代に関する複数の試算値の一つにすぎない2万１０００円だけを取り出したものです。

この数字は経済産業省管轄の地球産業技術研究開発機構（ＲＩＴＥ）によるもので、別の研究機関、たとえば国立環境研究所は1万４０００円と計算しています。そして、この20年間の値上がり分は、２０３０年時点までの化石燃料価格や炭素税などに関する前提で大きく変わります。

じつは、このシミュレーションでもっとも重要なのは、４つの研究機関全てが、家計の電気料金支出は、原発ゼロのばあいと、原発割合が15％や20～25％のばあいとを比べて大きく変わらず、差はわずか平均世帯で月２０００～３０００円と試算していることです。この数字は20年後の２０３０年の値なので現在価値に直すと月１４００～２１００円になります。それを一人に直すと月５６０～８５０円になります（1家庭が２・５人と仮定）。真ん中をとると、月に一人約７００円です。つまり、４つの研究機関のすべてが月７００円で脱原発が実現できると試算しています。

ほんとうは、この「７００円で脱原発が可能」という方が大事なのに、一部のメディアや経済界が出していたメッセージは「電気代が2倍」の方でした。シミュレーションの趣旨とは関係ない一つの数字だけを取り出し、まさに一人歩きさせているという意味で典型的なプロパガンダです。

確率の高いロシアンルーレット

逆に、原発の事故確率については世間ではほとんど認知されていません。福島原発事故後に、日本の原子力委員会などで議論された事故確率の考え方は、

① 日本では1500炉年（1基の原子炉が1年間稼働する時間が1炉年）で3回の大きな事故があったので、事故確率は500年に1回

② 国際原子力機関（IAEA）の「安全目標」である10万年に1回

の2つでした（第44回原子力委員会資料第1、2号、核燃料サイクルコスト、事故リスクコストの試算について（見解）（案）、平成23年11月10日、原子力委員会）。

原子力を推進する国際機関であるIAEAが出した数値は単なる目標値です。したがって、感覚的にもより現実に近いと思われる前者の数字を採用した場合、日本で50基の原発が稼働しているとすると、10年に1回の割合で大きな事故が日本で起きることになります。これは、計算間違いでもジョークでもなく、何度計算しても10年に1回になります。

アカデミックな世界では、事故確率に関してさまざまな計算方法があります。ですが、日本でのリスク分析の専門家が長い間議論して出した考え方が前記の二つです。かつて原

発事故は、一度起こると国が壊れるほどのダメージを与えるものの、起こる確率は低いと言われていました。まさに確率の低いロシアン・ルーレットです。いまは、確率が高いロシアン・ルーレットを私たちはやっています。

人として

少し大げさな言い方ですが、結局は、人として責任を感じるかどうかだと思います。なぜなら、私たちは原発のリスク管理に関する責任を次の世代、あるいは他人に転嫁しているだけだからです。

原発推進派の人たちは、安全性に関して、「安全には十分に注意を払っているから安全」「とにかく安全だから安全」「技術が解決してくれる」という堂々巡りの議論しかしません。その一方でフィンランドの核廃棄物最終処分場では、10万年後の人類に対して、危険標識の言葉は通じないかもという懸念から、恐怖感を感覚で伝えるのにノルウェーの画家ムンクの絵『叫び』を使うことが検討されました。私が住む仙台では、今でも地震があると(けっこうあります)、福島第一原発4号機の使用済み燃料貯蔵プールに影響がないかとビクビクします。

数字を使ったプロパガンダも、「安全だから安全」というロジックも、ムンクの絵を使わなければならないのも、事故確率の話も、そして地震国に住む私たちが持たされるビクビク感も、すべてシュールすぎて笑えない喜劇を見ているようです。

自分たちの子どもたちを、また日本が原発を輸出しようとしている国に住む人びとを、このなんとも言いようがない喜劇の中にほうりこむのはやはりひどい話だ……、シニカルになって「世の中こんなものさ」とは言いたくない……、でも自分は何ができるのか……、少なくともあきらめるには早すぎる……、逆に脱原発の方が底流としてあるはずだ……。

そんなことを考えながら、このあとがきを書きました。

本書が、みなさんが原発について考えるきっかけになれば幸いです。

原発ゼロノミクス・キャンペーンについて

「原発ゼロノミクス」の考え方を広め、“脱原発”を求める市民の声を再び盛り上げることを目的とします。本書で見てきたように、「原発ゼロ」は「エコノミクス」の観点でメリットが多く、経済再生と対立するものではありません。

実際の原発事故率からも損害金額からも乖離している保険しかかけられていない現状。放射性廃棄物の処理コストという経済的負担。地方経済が補助金依存となることで失われてきた活力や創造性。そのいずれを考えても、原発を取り除くことこそが、日本経済の活性化のカギを握っています。

これを経済学者の知見をふまえて「原発ゼロノミクス宣言」としてまとめ、2012年夏のパブコメの声を上回る、十万人の賛同を集めていきます。

活動内容

(1)「原発ゼロノミクス」経済学者等からのメッセージや各地の事例の提示
(2)「原発ゼロノミクス」への賛同募集
(3) イベント開催
(4) 公式キャラクター「ゼロノミクマ」による表現・広報活動

アクセスのしかた

「原発ゼロノミクス宣言」への賛同はもちろん、賛同団体、勉強会や「ゼロノミクスカフェ」開催、ゼロノミクマくんの出張など、あなたの参加をお待ちしています。詳細は、原発ゼロノミクス・キャンペーンのウェブサイトをご覧ください。
http://zeronomics.wordpress.com

ゼロノミクマからも情報発信しています。
【ブログ】 http://zeronomics.seesaa.net/
【ツイッター】 @zeronomikuma
【Facebook】 http://www.facebook.com/zeronomikuma
【メールアドレス】 zeronomics2013@gmail.com

原発ゼロノミクス宣言

2012年。日本は、福島第一原発の未曾有の事故の反省の上に立ち、原発ゼロへの道筋を示しました。政治を動かしたのは、圧倒的多数の市民の、脱原発への意思表示です。

その道筋が、政権交代後の経済政策「アベノミクス」の影でゆらいでいます。住んでいた土地を奪われ、耐えきれない不安を抱えながら日々を過ごす福島の人びと、脱原発を願う多くの人びとの声が、かき消されようとしています。このまま原発依存へ逆戻りすることが、果たしてよいことなのでしょうか。

世界中の多くの国や企業が、事故後、原発からの撤退を決めました。原発の不採算性が明らかで、経済的にもプラスにならないとわかったからです。そして原発と化石燃料から、イノベーションが進み価格も安くなった自然エネルギーに猛スピードでシフトしています。

本来なら、事故がなかったとしても、日本がいちはやく取り組むべきこと。今後人口の減少にあわせてエネルギー消費も減っていく日本に、大量生産・大量消費を前提にしてウランや化石燃料の輸入に24兆円も支払うエネルギー政策は、もうふさわしくありません。

「原発ゼロノミクス」は、原発依存とエネルギー輸入にたよる古い経済の仕組みを見直し、自然エネルギーをコアにした地域分散ネットワーク型経済への移行を考えていきます。

キーワードは、「省エネ」「創エネ」、そして「ITネットワーク」。これまで、原発や化石燃料のエネルギーを使うことで地域の外に流出していたお金を自然エネルギーの地産地消によって地域内にとどめ、多彩な関連産業と雇用を創出。地域経済を元気にすることで、脱温暖化しながら日本経済全体の再生をめざす経済システム提案です。

主役は、国でも大企業でもありません。そこに住み、そこで生き、原発ゼロを求める私たち一人ひとりがプレイヤーになって、新しい経済を作っていきましょう。あなたの原発ゼロノミクス宣言をお待ちしています。

執筆者紹介

金子 勝（かねこ・まさる）

慶應義塾大学経済学部教授。1952年東京都生まれ。東京大学経済学部卒業、東京大学大学院経済学研究科単位取得満期修了。専門は、制度経済学、財政学、地方財政論。3.11以前から脱原発を主張し、3.11以降もテレビ、新聞、全国講演会でも原発の経済的な観点からもその不要性を訴え、脱原発の社会のあり方を訴え続けている。著書に『原発は不良債権である』(岩波書店)『「脱原発」成長論:新しい産業革命へ』(筑摩書房)など多数。

飯田哲也（いいだ・てつなり）

環境エネルギー政策研究所(ISEP)所長。1959年山口県生まれ。京都大学大学院工学研究科原子核工学専攻修了。東京大学先端科学技術研究センター博士課程単位取得満期退学。原子力産業や原子力安全規制などに従事後、北欧での研究活動などを経てISEPを設立し現職。自然エネルギー政策の国内外における第一人者。著書に『北欧のエネルギーデモクラシー』(新評論)『エネルギー進化論』(ちくま新書)など多数。

明日香壽川（あすか・じゅせん）

東北大学東北アジア研究センター教授（環境科学研究科教授兼任）。1959年東京生まれ。東京大学大学院工学系研究科博士課程修了（学術博士）。INSEAD修了（経営学修士）。温暖化対策の制度設計などを研究。「温暖化懐疑論」に対しても具体的に反論している。『地球温暖化：ほぼすべての質問に答えます！』（岩波書店）『地球温暖化の経済学』（共著、大阪大学出版会）『地球温暖化懐疑論批判』（共著、東京大学IR3S）など。

eシフト編集協力：加藤直樹
協力：eシフト事務局・吉田明子

eシフト参加団体

国際環境NGO FoE Japan／環境エネルギー政策研究所(ISEP)／原子力資料情報室(CNIC)／福島老朽原発を考える会(フクロウの会)／大地を守る会／NPO法人日本針路研究所／日本環境法律家連盟(JELF)／「環境・持続社会」研究センター(JACSES)／インドネシア民主化支援ネットワーク／環境市民／特定非営利活動法人APLA／原発廃炉で未来をひらこう会／気候ネットワーク／高木仁三郎市民科学基金／原水爆禁止日本国民会議(原水禁)／水源開発問題全国連絡会(水源連)／グリーン・アクション／自然エネルギー推進市民フォーラム／市民科学研究室／国際環境NGOグリーンピース・ジャパン／ノーニュークス・アジアフォーラム・ジャパン／フリーター全般労働組合／ピープルズプラン研究所／ふぇみん婦人民主クラブ／No Nukes More Hearts／A SEED JAPAN／ナマケモノ倶楽部／ピースボート／WWFジャパン(公益財団法人　世界自然保護基金ジャパン)／GAIAみみをすます書店／東京・生活者ネットワーク／エコロ・ジャパン・インターナショナル／メコン・ウォッチ／R水素ネットワーク／東京平和映画祭／環境文明21／地球環境と大気汚染を考える全国市民会議(CASA)／ワーカーズコープ エコテック／日本ソーラーエネルギー教育協会／THE ATOMIC CAFE／持続可能な地域交通を考える会（SLTc）／環境まちづくりNPOエコメッセ／福島原発事故緊急会議／川崎フューチャー・ネットワーク／地球の子ども新聞／東アジア環境情報発伝所／Shut泊／足元から地球温暖化を考える市民ネットえどがわ／足元から地球温暖化を考える市民ネットたてばやし／東日本大震災被災者支援・千葉西部ネットワーク／アジア太平洋資料センター(PARC)／NNAA(No Nukes Asia Actions) Japan／さよなら原発・神奈川／プルトニウムフリーコミニケーション神奈川／エコフェアネットワーク（2013年6月10日現在）

編者紹介

eシフト（脱原発・新しいエネルギー政策を実現する会）

3・11のあとに誕生した脱原発を目指す共同アクション。日本のエネルギー政策を自然エネルギーなどの安全で持続可能なものに転換させることを目指す市民のネットワーク。個人の参加に加えて、気候ネットワーク、原子力資料情報室、WWFジャパン、環境エネルギー政策研究所、FoE japanなど、さまざまな団体が参加している。

【問合せ先】

eシフト（脱原発・新しいエネルギー政策を実現する会）事務局
国際環境NGO FoE Japan内
〒171-0014　東京都豊島区池袋3-30-22-203
TEL: 03-6907-7217　FAX: 03-6907-7219
http://e-shift.org

合同ブックレット・e シフトエネルギーシリーズ　vol.4

原発ゼロノミクス　脱原発社会のグランドデザイン

2013 年 7 月 10 日　第 1 刷発行
2013 年 11 月 25 日　第 2 刷発行

編　者　e シフト（脱原発・新しいエネルギー政策を実現する会）
発行者　上野　良治
発行所　合同出版株式会社
東京都千代田区神田神保町 1-28
郵便番号　101-0051
電話　03（3294）3506
振替　00180-9-65422
ホームページ　http://www.godo-shuppan.co.jp/
印刷・製本　株式会社シナノ

■ 刊行図書リストを無料進呈いたします。
■ 落丁乱丁の際はお取り換えいたします。

ISBN 978-4-7726-1131-2　NDC360 210 × 148